U0345806

上海宋庆龄汉白玉雕像保护研究

Conservation Study of a White Dolomite Marble Statue of Soong Ching Ling in Shanghai

戴仕炳　汤众　马宏林　周月娥　何政　格桑　黎静怡　著
By DAI Shibing TANG Zhong MA Honglin ZHOU Yue'e HE Zheng Gesa Schwantes LI Jingyi

同济大学出版社·上海

基金项目

(1) 国家自然科学基金重点项目："我国地域营造谱系的传承方式及其在当代风土建筑进化中的再生途径"（批准号：51738008）

(2) 国家自然科学基金面上项目："明砖石长城保护维修关键石灰技术研究"（批准号：51978472）

(3) 上海市科学技术委员会项目："融合传统与现代技艺的历史建筑修缮保护技术及应用示范"（任务书编号：19DZ1202400）

(4) 同济大学学术专著（自然科学类）出版基金（第十二期），2022年

序
Foreword

　　戴仕炳教授说已经写了有关汉白玉文物保护的书，要让我看并写序，因感兴趣而未推辞。材质为汉白玉的文物，大都在重要的宫殿、庙宇或纪念建筑内，还有名人雕像不少是用汉白玉塑造的。北京房山盛产大理石，因此如天安门、故宫、东陵、西陵、颐和园、太庙等皇家建筑中，有许多大理石的雕刻与建筑构件。

　　但是，大理石的劣化速度很快，即使不到百年的雕刻，在污染的环境也会造成明显的劣化，如天安门广场的人民英雄纪念碑，更不要说是明清时期的文物了。所以对大理石质地的文物的保护具有紧迫性。

　　上海宋庆龄汉白玉雕像由于其价值重要，露天又受到日晒雨淋，对其保护十分必要。本书记录了相关保护修复与维护保养的全过程，可以看到其中的不少特点：引入了牺牲性保护的理念；总结了国内外有关汉白玉材料的特征及病理研究成果；找到适用的勘测技术，尤其是无损检测技术；保护过程形成评估—干预—监测（AIM）循环；采用纳米、微米颗粒的氢氧化钙保护材料；提出预防性保护的设计思路等。这些优异成果反映了戴仕炳博士引领的团队具有深厚的理论功底及长期的实践探索。

　　有意思的是书中提出的一些观点给我们启发，也值得引起重视，借此机会不妨讨论一下。

　　首先，有关牺牲性保护的理念，是采用覆盖涂层，将影响文物本体的不利因素部分转移至新的保护层上，以牺牲新的保护层而保护文物本体。这里要求新旧材料有机融合，那么牺牲层的厚度应该怎么算；它的寿命或耐久性怎么测量，哪些指标证明它已经失效；其残留物对文物本体是否无害，在下次再喷牺牲层时是否要清除等，这些因素在使用牺牲层材料时是否也需关注。

　　其次，维护保养与保护修复的界限是否要捋清，前者是及时消除影响文物安全的隐患，保持文物整洁，并通过监测及时发现问题。它作为管理者的日常工作，不需要委托专业机构编制专项设计，但应制定保养维护规程。而这次的维护保养内容，除表面清洁外，还包括补配修复、渗透加固。分清这个界限，对今后的日常管理将会是有利的。

　　再说预防性保护的问题，其目的是要减少对文物的干预，它的保存环境、防护手段和管理措施是重要内容。要防止文物价值损失并进行评估。要以发展的眼光看待保护问题。给雕像建造一个保护性建筑，防止文物受到日晒雨淋最重要的破坏因素，这是预防性保护的有效措施，但这理念对文物环境的改变，能否被社会公众接受？这是与社会、环境不断共同演变的一个过程，不能操之过急。此外，预防性保护的内容还包括长期监测、检测、日常保养维护以及相应的管理措施，这些都是我们现在就能做的。

上述讨论目的很清楚，是为了更好地使文物延年益寿，为我们的同仁鼓励、加油。

总之，此书的出版，能使我们看到汉白玉文物的保护，从对现状、病理、保护材料、监测等进行评估，找到可持续的保护技术，制订保护方案，展示相匹配的管理体系，能提出问题并找到解决的途径，这些研究成果对其他汉白玉质文物和建筑构件的保护是具有重要参考价值的。

不可否认，正如作者所说，汉白玉文物的保护任重道远，还有许多工作有待我们去深入探索。例如，不同汉白玉材质文物位于南北不同环境的劣化机理，以及与之相对应的保护材料——醇剂石灰分散体加固剂、复合灌浆材料、表面防护材料等，它们的配方、施工工艺以及效果检测、追踪，都需要进一步研究、完善；在无损、微损检测方法之间互相验证及提高精度方面也有待加强。当然，这是我们文化遗产保护工作者一代又一代持之以恒的任务。

以上的这些说法是否正确，还有待读者的评论，只是抛砖引玉而已。

黄克忠
2022 年夏 于北京

前言
Preface

本书的研究对象"宋庆龄汉白玉雕像"，除备注的其他地点的宋庆龄汉白玉雕像外，均特指位于"中华人民共和国名誉主席宋庆龄陵园"内的属于全国重点文物保护单位宋庆龄墓的"宋庆龄汉白玉雕像"。

汉白玉是中国特有的艺术和建筑石料，岩石学上属于白云石大理岩，即由白云岩（一种沉积并经过特殊化学作用形成的富含镁的碳酸盐岩石）经高温高压的变质作用再结晶的以白云石矿物为主的大理岩，由于其色白且致密（总孔隙率一般小于 5%）、强度高（新鲜汉白玉单轴抗压强度可以超过 50 兆帕）而又易于加工雕刻（摩氏硬度为 3.5，属于中等硬度，远低于雕刻刀硬度），一直是古代官式建筑及名人雕像用材。但是，由于多种原因，汉白玉的保护技术一直没有突破，和中国文化遗产保护战略不匹配。

类似汉白玉的大理石保护研究是目前国际文物保护技术研究热点。由国际古迹遗址委员会（ICOMOS）石材保护委员会 ISCS 主办的第 14 届石材劣化与保护国际大会（14th International Congress on the Deterioration and Conservation of Stone）由于 COVID-19 疫情取消，但是其发表的论文集中有超过三分之一的论文直接和碳酸盐类大理石、汉白玉、石灰石等的病害实录、劣化机理、保护技术、监测评估等有关。

原因主要有三个方面：第一，大理石（特别是名贵大理石）是众多价值连城的艺术品的用材，或是极其重要建筑的构件，其保护工作一直被重视。第二，全球变暖和大气污染等导致大理石等风化加速。第三，过去采用的不当保护修复措施促使今天需要对大理石质地文物的现状、病理、保护材料、监测等进行再评估，以找到可持续的技术，同时制订与当代遗产保护理念及展示相匹配的管理体系。

从 2018 年起，受宋庆龄陵园管理处的委托，同济大学建筑与城市规划学院历史建筑保护实验中心联合陕西省文化遗产研究院等开展了针对宋庆龄汉白玉雕像的现状实录、病害勘察、保护实验研究、维护及监测工作。本书是截至 2022 年 5 月底完成的保护研究实验工作以及从抢救性保护到常规化维护保养工作成果总结及思考，尝试把所有的工作作为史料展示给读者。

本书共分 10 章，第 1 章介绍了宋庆龄汉白玉雕像历史和价值以及基于价值保护的技术策略，特别是"牺牲性保护"理念。第 2 章总结了国际国内有关汉白玉材料特征及病理的研究成果。第 3 章分析了适用宋庆龄汉白玉雕像的现状实录及病害勘察技术，特别是无损 - 无接触勘察评估技术。第 4 章展示了超声波在宋庆龄汉白玉雕像劣化度勘察中的应用及勘察成果。第 5 章介绍了宋庆龄汉白玉雕像保护及日常维护采用的微纳米石灰材料国际国内研究成果。第 6，7 章记录了实验室及现场实验成果，2019 年年底提出了基于实验结果的抢救性保护方案，包括采用乙醇和微纳米石灰杀灭细菌等微生物的方法。第 8 章评估了 2020 年春天在 COVID-19 第一波疫情平息后完成的抢救性保护工作效果，并记录了于 2021 年春天完成的维护保养工作。第 9 章总结了 4 种预防性保护雕像的设计思路和效果。第 10 章提出宋庆龄雕像本体及环境监测初步思路及成果，提出可供参考的汉白玉类文物或构件抢救性保护工艺建议，同时构架了未来需要完成的最重要的研究工作。

本书聚焦上海宋庆龄汉白玉雕像病害抢救性治理技术、基于汉白玉病理学的预防性保护，包括未来可能的选项之一的保护性建筑设计等，尝试将材料病理学与新的保护理念、可持续保护技术、建筑学及建筑设计等结合，找到宋庆龄汉白玉雕像日常维护及展示的技术手段。研究成果对其他处于不同气候环境、不同级别、不同类型的汉白玉质（包括基于碳酸盐矿物的石灰岩、大理石等类型的）文物和建筑构件的保护具有参考价值。

本书除了可供文物保护科技工作者、管理者等参考外，也可以作为文物保护科学、文化遗产保护、材料学、建筑学、景观学等专业教学参考书。

作者

2022 年 6 月

The book in hand documents the condition assessment, conservation treatment and maintenance plan for a white marble outdoor statue of Soong Ching Ling in Shanghai. This marble statue, located in the Mausoleum of Soong Ching Ling in the Mausoleum Park in Shanghai's Changning District, is a designated Major Historical and Cultural Site protected at the national level. Rosamond Soong Ching Ling (27 January 1893 – 29 May 1981) was a Chinese political figure and the third wife of Sun Yat-sen. She held several prominent positions in the government of the People's Republic of China. During her final illness in May 1981, she was given the special title of "Honorary President of the People's Republic of China".

The research presented in this book documents the application of a rigorous scientific conservation approach. Based on existing knowledge of marble and limestone deterioration, the investigation of the statue included systematic testing and analysis to assess the condition and the causative factors of damage and discoloration of the white marble. On the basis of the material analysis and in-depth understanding of the condition, possible solutions for conservation interventions are investigated and the most suitable treatment was selected. Basic daily maintenance measures for the display of the Soong Ching Ling Statue are presented and possible future options of alternative sustainable conservation concepts, such as the design requirements for a protective structure, are also explored. The research results are a valuable reference for the conservation of other stone objects and building components made from different grades and types of marble, (including white marble, other marble types and carbonate-based limestone) in various climatic conditions.

This statue is made of is a specific bright white marble type often used in works of art and architectural elements in China. From a petrological point of view, it is a dolomitic marble, a metamorphic rock formed when magnesium-rich limestone is subjected to high pressure or heat. The crystal structure of this bright white and dense marble is dominated by dolomite minerals. It features low porosity (generally less than 5%), high strength (uniaxial compressive strength of fresh white marble can exceed 50MPa) and is easy to work and carve (Mohs hardness 3.5, which is considered medium hardness). Even though this type of white marble has been used for the creation of many important statues and can be found at many meaningful built heritage sites, to date, no official standard and guideline for the conservation of white marble exists in China.

The conservation of cultural heritage made from marble has been the focus of attention in the international conservation community and was widely discussed at the 14th International Congress on the Deterioration and Conservation of Stone in 2020, hosted by the Stone Conservation Committee (ISCS) of the International Committee on Monuments and Sites (ICOMOS). One-third of the presented papers were concerned with the damage assessment, investigation of deterioration mechanisms, monitoring and treatment evaluation of carbonate stones, such as marble, white marble and diverse limestones. There are three main reasons for this increased interest: Firstly, the beautiful and precious marble has been used for many works of art and building components with high aesthetic and artistic value, putting its conservation at the centre of attention. Secondly, global warming and atmospheric pollution have led to the accelerated weathering of marble. And thirdly, improper conservation and restoration measures adopted in the past have led to an aggravation of deterioration and added to a greater complexity of the encountered structures to be treated in today's conservation projects. At the same time, past mistakes have led to a more cautious approach and scientific analysis and laboratory research to analyse and evaluate potential risks of conservation interventions and their long-term performance are the focus of many studies.

In 2018 the Soong Ching Ling Cemetery Management Committee commissioned the Architectural Conservation Laboratory of the School of Architecture and Urban Planning of Tongji University and the Shaanxi Cultural Heritage Research Institute to prepare a condition report and conservation management plan including an intervention strategy and maintenance plan for the conservation of the Soong Ching Ling Statue. This book is a summary and reflection of the conservation work completed in May 2022.

The book is divided into ten chapters. The first chapter introduces the history and significance of the white marble statue of Soong Ching Ling. It further discusses technical strategies of value-based conservation, specifically the concept of "sacrificial protection". The second chapter summarises state-of-the-art research results on the material characteristics and pathology of white marble. The third chapter documents the damage investigation and analysis techniques applicable to white marble statues, especially non-destructive and non-contact investigation methods. Chapter 4 describes how ultrasound was applied to evaluate the degree of deterioration of the statue. Chapter 5 is a review of micro- and nano-lime used in the conservation of cultural heritage and points out the advantages of these conservation materials, which have been selected for the treatment of the Soong Ching Ling Statue. Chapters 6 and 7 present the results

of the laboratory and field experiments carried out to determine necessary and possible interventions. At the end of 2019, a conservation management plan based on the experimental results was proposed, including cleaning, consolidation and the use of dispersions of nano-lime ethanol to kill microorganisms and inhibit new biological growth. Chapter 8 describes the methods used to monitor the effectiveness of the conservation work completed in the spring of 2020, and documents the interventions in the spring 2021. Chapter 9 summarises the design requirements and ideas of four types of protective structures for weathering prevention. The final Chapter 10 sets out necessary maintenance measures for the Soong Ching Ling Statue and the results of environmental monitoring. Based on the results and experience from this study, preliminary recommendations for the conservation of similar marble statues are made. Finally, the most important areas of future research in the field of marble conservation are proposed.

This book is intended as a reference for cultural heritage conservation professionals and as a teaching resource for courses in monument preservation, conservation science, architectural conservation and related fields.

Gesa Schwantes
on behalf of the Authors
June 2022

目录
Contents

第 1 章 宋庆龄陵园、宋庆龄汉白玉雕像及其保护策略

1.1 宋庆龄陵园

中华人民共和国名誉主席宋庆龄陵园成立于 1984 年 1 月，位于上海市长宁区宋园路 21 号，是全国爱国主义教育示范基地、全国文明单位和全国红色旅游经典景区。宋庆龄陵园占地约 12 公顷，由宋庆龄纪念设施、名人墓园、外籍人墓园以及少儿活动区（上海儿童博物馆）四个部分组成（图 1-1）。

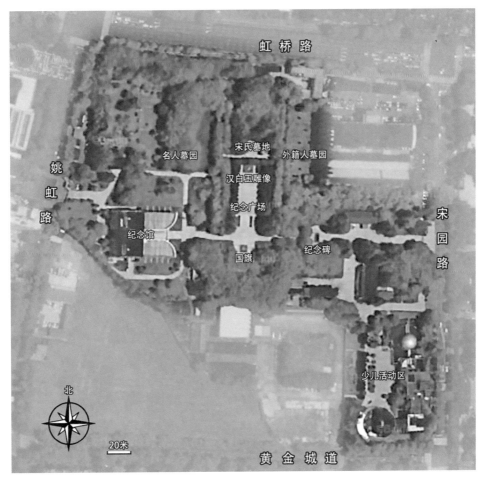

图 1-1 宋庆龄陵园

图片来源：百度地图，2022 年 2 月

以宋庆龄墓为中心的纪念设施，是陵园的主体部分。主要有平和端庄、静谧素雅的宋氏墓地，由邓小平亲笔题词的宋庆龄纪念碑，展示宋庆龄特有气质和风采的汉白玉雕像和全景式展示宋庆龄瑰丽人生的宋庆龄纪念馆等（图1-2、图1-3）。

图1-2　由邓小平亲笔题词的宋庆龄纪念碑
图片来源：汤众，摄于2022年2月

图1-3　宋庆龄陵园纪念广场与汉白玉雕像
图片来源：汤众，摄于2022年2月

名人墓园安葬有爱国老人马相伯、抗日英雄谢晋元、"三毛之父"张乐平等知名人士，每个墓均建有反映墓主生前风格的栩栩如生的纪念雕塑。外籍人墓园葬有来自世界 25 个国家的 600 多名外籍人士，其中有鲁迅的日本朋友内山完造夫妇、宋庆龄的美籍女友耿丽淑等。

上海儿童博物馆坐落在宋庆龄陵园东南部，建筑面积 4500 平方米，是全国和上海市首批科普教育基地之一。（以上三段文字摘自：中华人民共和国名誉主席宋庆龄陵园网站 http://sqlly.cn/sqlgk/gk_jj.html）

宋庆龄陵园所在地的历史渊源可上溯至清末。清宣统元年（1909 年）十月，浙江上虞人经润山在上海西乡（今虹桥路、沪杭铁路西侧）购地 20 余亩（1.33 万平方米）筹建公墓，至民国三年（1914 年）建成，共计墓穴一千余个。公墓被命名为"薤露园"，取的是"薤上露，何易晞。露晞明朝更复落，人死一去何时归"之意。民国六年（1917 年），经润山去世，由于修建铁路需要占用公墓，经润山之妻汪国贞在虹桥路南、张虹桥购地 55.6 亩（3.71 万平方米），将园西移至现址，更名为"薤露园万国公墓"，意为所有国家、所有种族的逝者都可以在此安葬。民国二十三年（1934 年），由上海市政府卫生局接办，改为公营。翌年，公墓面积扩大到 122.8 亩（8.19 万平方米）。

作为上海曾经的一流公墓，墓葬者除了有清朝、国民政府的达官显贵和富商巨贾，还有辛亥革命以来的社会名人和进步人士，如宋庆龄的父母宋耀如和倪桂珍，辛亥革命早期活动家黎仲实，曾任孙中山、张学良和蒋介石顾问的澳大利亚人端纳，国民党上海招商局长赵铁桥等。民国二十五年（1936 年），鲁迅逝世后，也曾安葬于此（1956 年移葬现鲁迅公园内）。

民国二十六年（1937 年），八一三事变后，日军侵占上海，万国公墓遭到了大规模的破坏。汪伪政权上台后，遂由其接管。抗战胜利后，又重归国民党政府管理。

1949 年上海解放后，公墓由上海市人民政府卫生局接管，后划归市民政局。当时共有墓葬 2600 余座。公墓经修葺一新后，开办骨灰安葬业务。"文化大革命"初期，公墓遭到破坏，后在国务院总理周恩来亲自过问下，宋庆龄父母合葬墓得到修复。1973 年，市民政局收回包括宋氏墓地在内的 30 亩（2 万平方米）土地，恢复万国公墓，并在张虹路（今宋园路）新开东大门，建造外宾接待室、办公室等。1980 年，又收回土地 19.16 亩（1.28 万平方米），1981 年，公墓扩大至 151.95 亩（10.13 万平方米），建有名人墓园和外籍人墓园。

1981 年 5 月 29 日，宋庆龄在北京逝世，依照她生前遗嘱，她的骨灰安葬在上海万国公墓内其父母墓地的东侧。同年 6 月 4 日中共中央、全国人大常委会、国务院举行隆重的安葬典礼。1982 年 2 月，宋庆龄墓等被国务院列为全国重点文物保护单位（图 1-4）。

图 1-4　全国重点文物保护单位标志碑
图片来源：汤众，摄于 2022 年 2 月

2014 年，万国公墓旧址被公布为上海市文物保护单位。其保护范围内涵盖了名人墓园和外籍人墓园。作为全国重点文物保护单位的宋庆龄墓，其保护范围内的文物包括宋庆龄墓所在的宋氏墓地（宋耀如、倪珪贞墓卧碑为汉白玉材质），宋庆龄汉白玉雕像等。亦具有非常重要的纪念意义。即使在上海儿童博物馆的一尊少女与鸽子的汉白玉雕像也承载了几代人的记忆。

以上这些汉白玉材质的文物、纪念物和装饰物都露天置于室外，经历多年的环境气候影响，都不同程度产生了各种病害。作者团队近 3 年以陵园内宋庆龄汉白玉雕像为重点，对园区内各处的部分露天汉白玉制品做了一系列的观察、研究、试验和保护工作。其中除了宋庆龄汉白玉雕像以外，还包括宋庆龄父母墓的汉白玉上盖的霉变污染（图 1-5）、名人墓园中抗日爱国人士杜重远和侯御之合墓碑旁的一对

图 1-5　宋庆龄父母墓上盖表面病害
图片来源：汤众，摄于 2018 年 5 月

汉白玉鸽子的清洗维护试验（参见本书 7.1 节）、中国工程院院士江绍基汉白玉雕像的裂隙加固试验（参见本书 7.2 节）、抗日名将谢晋元将军汉白玉纪念碑字迹模糊（图 1-6）和少女与鸽子汉白玉雕像维修后的观察与评估（图 1-7）等。这些虽然都是汉白玉制成，但是原有质地、现有状态、环境和病害又都各有不同，需要在同一个系统中以相同的理念和策略给出各自对症的修复维护保养方法。

图 1-6　谢晋元将军汉白玉纪念碑
图片来源：汤众，摄于 2022 年 2 月

图 1-7　少女与鸽子汉白玉雕像
图片来源：汤众，摄于 2022 年 2 月

1.2 宋庆龄汉白玉雕像

宋庆龄（1893年1月27日—1981年5月29日），中华人民共和国的缔造者之一、国家名誉主席，爱国主义、民主主义、国际主义、共产主义的伟大战士。宋庆龄青年时代即追随孙中山，献身革命。在近七十年的革命生涯中，她坚强不屈，矢志不移，英勇奋斗，始终坚定地和中国人民、中国共产党站在一起，为中国人民的解放事业，为妇女儿童的卫生保健和文化教育福利事业，为祖国统一以及保卫世界和平、促进人类的进步事业而殚精竭力，鞠躬尽瘁，做出了不可磨灭的贡献，受到中国人民、海外华人华侨的景仰和爱戴，也赢得国际友人的赞誉和热爱，并享有崇高的威望。因此，在全国各地都立有纪念宋庆龄或她与孙中山一起的雕像（图1-8）。

1981年5月29日，宋庆龄在北京逝世。6月4日，宋庆龄的骨灰被安葬在万国公墓宋氏墓地。1982年2月23日，经国务院批准，宋庆龄墓被列为全国重点文物保护单位。1984年1月，"中华人民共和国名誉主席宋庆龄陵园"正式成立。

陵园内宋庆龄纪念设施由纪念碑、纪念广场、宋庆龄雕像、宋氏墓地、纪念馆等部分组成，宋庆龄汉白玉雕像则位于陵园纪念广场北侧，是整个陵园内最具有标志性的景物（图1-9）。

图1-8 海南文昌宋庆龄祖居（左，图片来源：《海南日报》林萌）、武汉中山公园（中，图片来源：inews.gtimg.com）和北京故居雕像（右，图片来源：travel.qunar.com）

图 1-9　宋庆龄汉白玉雕像全景
图片来源：汤众，摄于 2022 年 2 月

　　宋庆龄雕像高 2.52 米，底座高 1.1 米，石材选用北京房山产的汉白玉。1983 年由张得蒂（时任中央美院教授）、郭其祥（时任四川美院雕塑系主任、教授）、孙家彬（时任鲁迅美院讲师）、张润垲（时任中央美院教授）、曾路夫（时任上海园林雕塑创作室一级美术师）五位雕塑家合作完成。其中张得蒂女士为创作组组长，郭其祥先生为副组长，刘开渠先生担任创作小组的艺术顾问（图 1-10）。

　　雕像造型取用宋庆龄 50 岁左右的形象，身穿旗袍及她出访锡兰（今斯里兰卡）时所穿的圆翻领上衣，头梳发髻，双手交叉叠放在膝上，面含微笑（图 1-11）。

　　1984 年 1 月 27 日，宋庆龄名誉主席诞辰 91 周年纪念日，中共中央、全国人大常委会、国务院在刚刚挂牌的宋庆龄陵园隆重举行了宋庆龄雕像揭幕典礼。中共中央政治局委员、中华人民共和国副主席乌兰夫，中共中央政治局委员、国务委员方毅，中共中央书记处书记、全国人大副委员长陈丕显，全国政协副主席、宋庆龄基金会主席康克清出席了揭幕典礼。和煦的阳光下，宋庆龄雕像上覆盖着红丝绒，4 名人民解放军礼兵持枪守立在雕像旁，160 名少先队员手捧鲜花站立在雕像两侧。七百多名各界人士和宋庆龄同志的生前友好出席了揭幕典礼（图 1-12）。

图 1-10 宋庆龄雕像作者合影（左起：曾路夫、张得蒂、郭其祥、张润垲、孙家彬）
图片来源：宋庆龄陵园管理处

图 1-11 宋庆龄陵园雕像（1984 年刚落成时摄）
图片来源：宋庆龄陵园管理处

图 1-12 宋庆龄汉白玉雕像揭幕典礼
图片来源：宋庆龄陵园管理处

1.3 保护策略

宋庆龄陵园内的这尊汉白玉雕像自 1984 年落成后就一直置于室外，经历近 40 年的风吹日晒，已经产生较为明显的病害（图 1-13），迫切需要进行系统完整的研究和保护。

首先，需要对雕像的材料——汉白玉做深入的基础研究。尽管相传从汉代开始，中国就开始用这种洁白如玉的石头修筑宫殿，装饰庙宇，雕刻佛像，点缀堂室，但是其主要的矿物成分构成、物理和化学性质、劣化现象及病理、现代环境变化对其影响等都需要以现代科学方法和技术进行深入研究（图 1-14）。

由于具体制作成雕像后的汉白玉在特定的环境中发生的病害的种类和程度会有极大的不同，因此对于个体研究对象就需要对现状进行科学评估。评估第一步就是对雕像进行全面的检测，包括现状实录、数字化建模、热红外成像、裂隙观测、粉化度测试和超声波无损检测（图 1-15），然后再根据检测获得的各项数据指标对照之前在实验室所做的基础研究中所得到的结果进行综合比较分析，明确雕像目前所具有的病害种类与程度，以此进一步规划干预修复工作的策略。

作为国家重点文物保护单位宋庆龄墓的主要组成部分，宋庆龄陵园内的这尊宋庆龄汉白玉雕像是一件重要的文物，为了更为科学严谨和审慎，所有对雕像的干预

图 1-13　宋庆龄汉白玉雕像头部西侧开裂
图片来源：汤众，摄于 2019 年 2 月

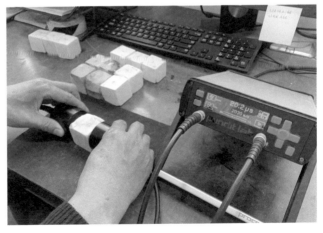

图 1-14　超声波测试汉白玉试块
图片来源：周月娥，摄于 2022 年 4 月

图 1-15　超声波无损检测雕像头部
图片来源：汤众，摄于 2019 年 4 月

修复工作都必须先经过实验室验证，研制适用的保护材料，再选择相同环境下其他
汉白玉雕像进行现场验证，最后才应用到宋庆龄汉白玉雕像上。

宋庆龄陵园内宋庆龄汉白玉雕像在经过 2020 年初抢救性修复保护之后，由于
其外部环境并没有发生改变，依然暴露在风吹日晒雨淋的室外，因此修复保护之后
的效果就需要进行持续监测与评估，并制定出日常维护保养的策略。

通常任何修复保护措施都难以做到一劳永逸，因此日常的持续监测和维护是十
分重要的工作。通过监测可以发现雕像新的病害发展情况，特别是以"牺牲性保护"
理念进行的牺牲性保护层会随着时间逐渐失效，病害又开始产生和发展，则将需要
进入新的一轮评估和干预，形成一个由评估（Assessment）、干预（Intervention）
和监测（Monitoring）构成的循环，简称"AIM 循环"（图 1-16）。这种技术路线
也同样可以应用到更多其他类型的文物修复保护工作中。

汉白玉雕琢而成的雕像长期露天置于室外，最终还是难免风化侵蚀，如果要想
更为长久地保存本体，就需要想方设法尽量避免外部环境的影响，最起码是避免一

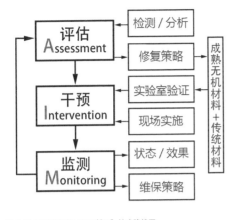

图 1-16 可持续保护"AIM 循环"技术路线图

些如高温暴晒、暴雨冲刷、严寒急冻等极端气候的不良影响。对于宋庆龄陵园汉白玉雕像这样非常重要和显著的文物，不能仅仅简单进行包裹，有必要设计一些对文物展示影响相对较小的保护装置和方法。为此结合同济大学历史建筑保护工程专业的研究生教学，专门作为研究课题，让研究生们充分发挥了创新和想象（图 1-17），也作为远期保护策略的一个重要组成部分。

未来，随着研究和保护工作的进一步深入，将结合整个宋庆龄陵园的文物保护工作，建立健全长期持续的无损非接触监测系统，并在经过一定轮次的 AIM 循环后，不断研发出适用的保护材料和方法，有效地完善日常维护保养措施，延长每次维护间隔的时间。同时也可将研究成果应用于全国各地的宋庆龄汉白玉雕像以及更为广泛的露天汉白玉文物雕像。

图 1-17　研究生汇报保护装置设计
图片来源：汤众，摄于 2021 年 6 月

第 2 章　汉白玉劣化及其保护问题

2.1　汉白玉劣化现象及病理

汉白玉是一种较为名贵的石料，其洁白无瑕，质地坚实细腻，易于雕刻，从中国古代起，就用这种石料制作宫殿中的石阶和护栏，正所谓"雕栏玉砌"。天安门前的华表、金水桥、宫内的宫殿基座、石阶、护栏都是用汉白玉制作的（图 2-1）。至现代，在人民英雄纪念碑、人民大会堂、毛主席纪念堂等国家工程中，汉白玉也有广泛应用。它们所使用的这个汉白玉，是特指北京房山大石窝镇高庄村西的石矿中出产的一种石头（百度百科，由"科普中国"科学百科词条编写与应用工作项目审核）。宋庆龄陵园内的宋庆龄汉白玉雕像同样也是选用的房山汉白玉。然而这些置于室外的汉白玉文物及建筑构件较为容易发生劣化，使其保护成为非常棘手的问题（图 2-2）。

图 2-1　天安门前东南角汉白玉华表
图片来源：汤众，摄于 2019 年 11 月

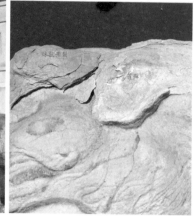

图 2-2　故宫太和殿汉白玉喷水兽发生的病害

图片来源：戴仕炳，摄于 2018 年 5 月

2.1.1　汉白玉岩石学特征

产自北京房山大石窝地区的汉白玉主要由白云石组成，在岩石学中属于一种沉积变质型白云石大理岩（孟冬青等，2017）。主要矿物组成为白云石（图 2-3），其次为石英、白云母等硅酸盐矿物。白云石的分子式为 $CaMg(CO_3)_2$（表 2-1），理论上白云石中应含有 30.43% 的 CaO 和 21.74% 的 MgO。汉白玉在化学成分上除了含碳、钙、镁外，均含有少量硅、铝、铁等。这些组分是汉白玉颜色在中观 - 微观尺度不均一或者风化后变色（请见第 3 章）的主要原因。此外，汉白玉中白云石的矿物颗粒局部出现大的颗粒或者呈现细脉状，与周围矿物发生不均一的风化，这也是汉白玉表面劣化后经常出现的不均一的原因（参见图 2-12）。

图 2-3　基于半定量 XRD 矿物分析得到的上海宋庆龄汉白玉雕像表面风化剥落碎屑矿物相（2019 年 4 月收集雕像本体表面松动颗粒）

表 2-1　汉白玉中主要组分白云石、石英与方解石性能比较

矿物名称	化学组分	结晶学特征	线性热膨胀系数（×10⁻⁶，开⁻¹）	
			平行 C- 轴	垂直 C- 轴
白云石	$CaCO_3 \cdot MgCO_3$	三方晶系，硬度 3.5-4	25.8	6.2
石英	SiO_2	三方晶系，硬度 7	7.7	13.3
方解石	$CaCO_3$	三方晶系，硬度 3	25.1	-5.6

参照李胜荣等，2008 及 Steier 等，2011 资料

汉白玉具有较高的抗压强度,可达到 80～120 兆帕,中等抗剪切强度(6.8～9.7 兆帕) 和中等抗折强度（6.0～6.2 兆帕）（孟冬青等，2017），有时抗折强度可以达到 9.2 兆帕（见第 6 章，表 6-1）。

2.1.2　汉白玉岩相及孔隙特征

宋庆龄汉白玉雕像属于重要的文物,不可以破坏性取样。初步肉眼观察,属于 1-2 级汉白玉。根据张中俭等（2015）对取自房山大石窝的新鲜岩样和取自北京古代石质建筑的已经风化的汉白玉的研究,1-2 级新鲜的汉白玉具有如下特点：岩石为粒状变晶结构，块状构造。1-2 级汉白玉几乎全部由白云石组成。白云石矿物镶嵌状分布，粒状，粒度一般为 0.02～0.6 毫米，属于微粒白云石大理岩。白云石多数相邻颗粒之间相交面角 120°，形成三边镶嵌的平衡结构，没有孔隙。而风化的汉白玉的白云石矿物晶体内以及白云石矿物之间会形成溶孔、溶缝等，白云石矿物沿着晶体内的裂隙和溶孔裂开并逐渐增大直至结构力完全丧失，造成白云石颗粒之间的镶嵌结构被破坏（张中俭等，2015）。

本次对新鲜（也是第一阶段室内试验用材，见图 6-3）和两种不同劣化的汉白玉（第二阶段室内试验用材，见图 6-32）孔隙分布研究发现，表面粉化明显的汉白玉的总孔隙率只比新鲜的汉白玉高约 0.8%（表 2-2），增加明显的是 10-30 微米的孔隙（图 2-4），这很可能和在冷热变形作用下汉白玉的白云石晶体之间结合力减弱有关。一旦发生肉眼可见的开裂，总孔隙率会增加，但也仅仅增加 5% 左右达到 8.44%,裂纹的宽度为 10～30 微米。

表 2-2　三种不同类型汉白玉的孔隙特征

序号	样品编号	样品描述	堆积密度 （克／立方厘米）	表观密度 （克／立方厘米）	开口孔隙率
1	HBYN-01	新汉白玉	2.7465	2.8327	3.04%
2	HBYO-02	旧汉白玉（有裂纹）	2.7720	3.0277	8.44%
3	HBYO-03	粉化严重汉白玉	2.7440	2.8535	3.83%

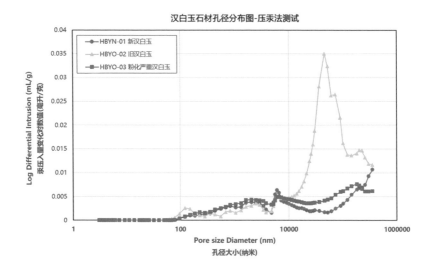

图 2-4　三种不同类型汉白玉孔隙率分布（图片来源：黎静怡，2022 年 4 月整理）

2.1.3　汉白玉的冷热变形

　　碳酸盐矿物具有各向异性的热膨胀性能（表 2-1），由此导致不同晶体方向各异的冷热变形（图 2-5）。在冷热循环过程中，汉白玉的强度会剧烈降低（图 2-6）。实验模拟发现，当温差超过一定程度，晶体之间就发生破裂。

　　这类研究颠覆了过去认为汉白玉类大理石的劣化以化学风化为主的认识，解释了汉白玉球状风化（图 2-7）和与朝向相关的开裂（图 2-8）。目前对具体的文物表面的温差变化与开裂的关系以及采用牺牲性保护措施前后或者遮挡等保护设施文物本体表面温差的变化尚有待系统的研究分析（见第 10 章）。

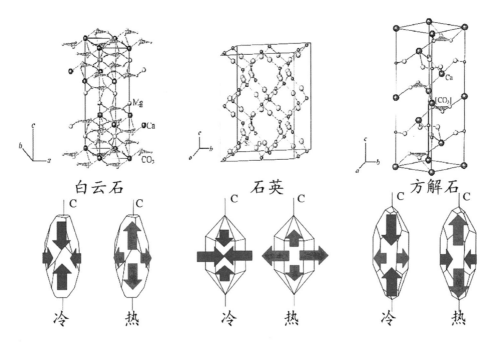

图 2-5 汉白玉中主要矿物白云石、石英等的晶体结构及在冷热变形过程中变化示意图
戴仕炳参照李胜荣等，2008 及 Steier 等，2011 等资料重新绘制

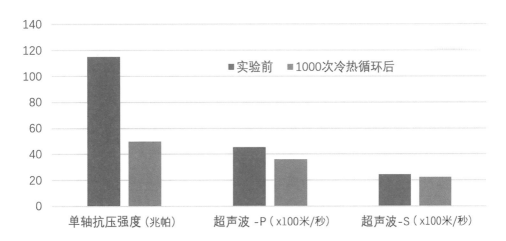

图 2-6 北京房山汉白玉 -20℃ ～ + 60℃冷热循环后物理性能变化
根据 Zhang Z-j, Liu J-b, Li B, Yang X-g. 2018 数据，戴仕炳重新绘制

图2-7　故宫太和殿汉白玉表面的球状风化（和剧烈温差有关）　图2-8　宋庆龄汉白玉雕像头部西侧和肩部右侧（西南方
图片来源：戴仕炳，摄于 2018 年 5 月　　　　　　　　　　　　　　　向日晒强烈）的开裂

图片来源：汤众，摄于 2019 年 2 月

　　冷热变形是汉白玉的开裂（图2-8，图2-9）进而导致断裂以及晶体结合变弱而"糖粒化"的主要原因，也是加速化学风化的诱因。这个是需要设计保护性建筑以降低冷热变形的科学原理。

2.1.4　汉白玉的化学风化

　　导致汉白玉劣化的第二个机理是化学风化，特别是大气污染物和汉白玉中白云石反应形成的硫酸镁、硝酸钙等水溶性盐的累积会加剧汉白玉的腐蚀。需要采用合适的方法（如敷贴法）降低劣化汉白玉中的盐分，同时固化劣化汉白玉，通过措施降低化学风化的程度及速度。

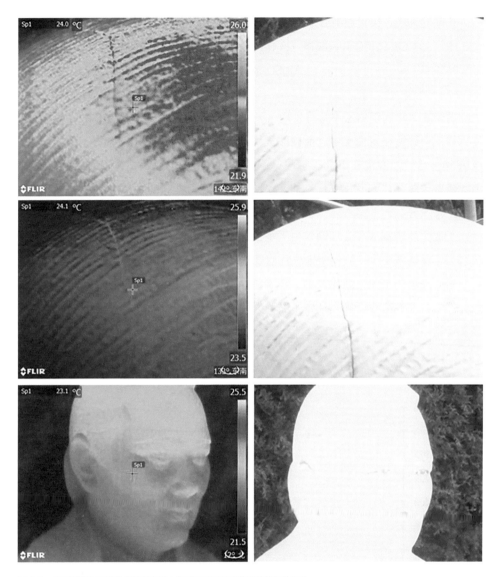

图 2-9 宋庆龄汉白玉雕像头部在春季上午采用不同模式获得的热红外图片
图片来源：上海谱盟光电科技有限公司，摄于 2019 年 4 月
可见头部开裂部位的温度明显高于背部，头部东西向裂缝温度较高，可能和污染物聚集有关。高温会加剧开裂。

长期的环境污染可以导致表层的白云石反应生产硫酸镁（$MgSO_4$）。

$$CaMg(CO_3)_2 + 酸雨（H_2O+SO_2+O_2）\rightarrow CaSO_4 \cdot 2H_2O（石膏）$$
$$+MgSO_4 \cdot nH_2O+2CO_2$$

$$(2\text{-}1)$$

石膏在风化的汉白玉中常有发现（张中俭等，2015），这是由于其在水中溶解度比较低而残留在汉白玉中。而硫酸镁的结晶水随着温度、湿度变化而不同，如温度为 14～33℃、湿度在 40%～65% 范围，则以 $MgSO_4 \cdot 7H_2O$ 的形式存在（图2-10）。因此随着硫酸镁体积发生变化，加速汉白玉雕像表面裂隙的发育，同时促进糖粒化及微生物发育。

工业化后硫排放等会加剧汉白玉等的化学风化。可喜的是，中国近年来采取的一系列环保措施使得二氧化硫排放有明显的降低（图2-11），这对露天文物是有利的。但是需要注意的是化学风化产物，特别是水溶性盐对文物本体损伤的累积效应，即风化产物水溶性盐在干湿循环中不断地对本体产生破坏。降低水溶性盐等治理措施是任何预防性措施实施前的基础。

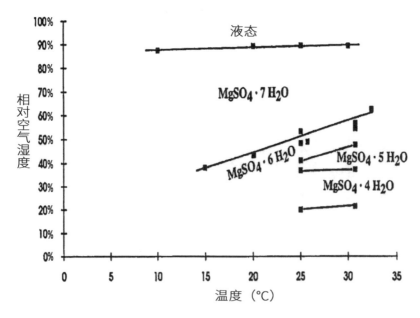

图 2-10 硫酸镁结晶随温湿度变化图
图片摘自 *IFS-Bericht： Umweltbedingte Gebäudeschäden an Denkmälerndurch die Verwendung von Dolomitkalkmörteln*，2003

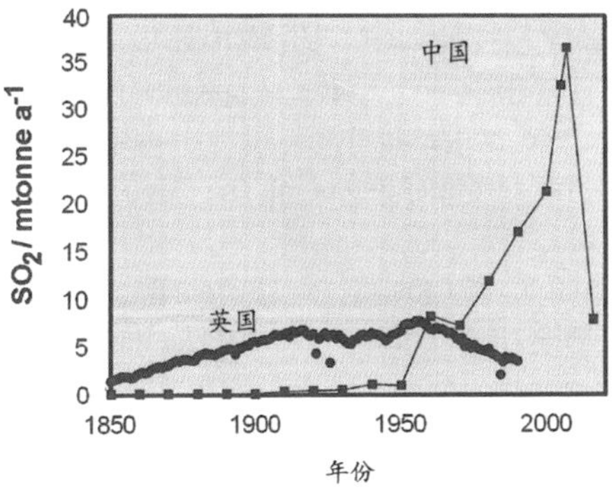

图 2-11 中国和英国的二氧化硫排放比较
图片来源：P. Brimblecombe, 2020（中国排放未经核实）

2.1.5 微生物

汉白玉劣化的第三个病害机理是微生物，特别是由于汉白玉的组成矿物均为白云石、石英、白云母等透明的结晶矿物组成，具有高的通透性（高的透光率），导致汉白玉内部一旦有裂纹或颗粒疏松，就可能有微生物生长（图2-12）。微生物生长会加剧汉白玉表面的片状剥落（图2-13）。

汉白玉、方解石类大理石等石质文物表面微生物的快速发育成为一个国际现象（Marta Cicardi 等，2020），这类微生物不仅仅生存在大理石表面，而且深入内部（图2-14）。石质文物表层微生物病害加剧的原因尚不清楚，可能和环境（如全球变暖，图2-15）、雾霾、微气候等有关，也可能和大理石的高透明度有关。这类微生物不仅影响文物的美学价值，更会通过生命循环导致汉白玉劣化，必须要采用合适的方法降低或者抑制微生物的病害。

还有一个重要的生物病害是鸟粪（图 2-16）。鸟粪属于强酸性物质，不仅影响美观，而且腐蚀汉白玉。采用水洗 + 机械方法很难清除鸟粪痕迹（图 2-17），同时还会损伤汉白玉。科学清除鸟粪的方法见第 6 章。

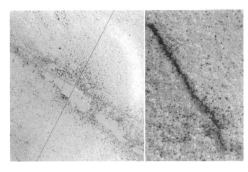

图 2-12　汉白玉表面苔藓渗透到白云石晶体之间（大的白云石晶体更耐风化）和裂纹中
图片来源：戴仕炳，摄于 2021 年 5 月

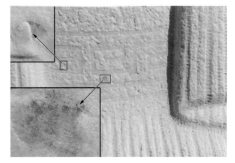

图 2-13　宋庆龄汉白玉表面片状剥落下的绿色苔藓
图片来源：汤众，摄于 2019 年 3 月

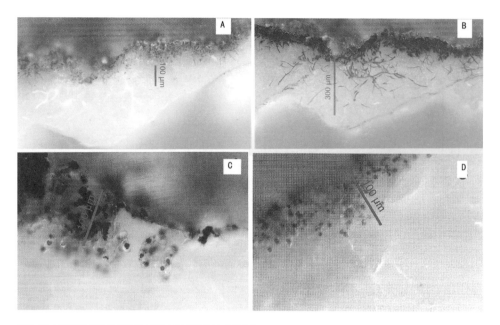

图 2-14 可以浸入汉白玉大理石内部达 300 微米以上的微生物
磨光片照片，戴仕炳根据 M. Cicardi 等，2020 发表的资料整理

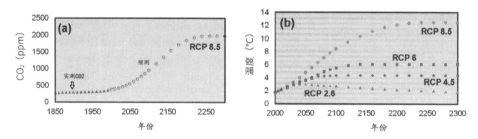

图 2-15 全球 CO_2 排放实测及预测（a）及不同模型升温预测（b）（P. Brimblecombe, 2020）

图 2-16 汉白玉表面的鸟粪（左：故宫据说是 21 世纪初更换的柱头；中：故宫明清汉白玉柱头；右：宋庆龄雕像在维
护保养前表面的鸟粪，2019 年 5 月）

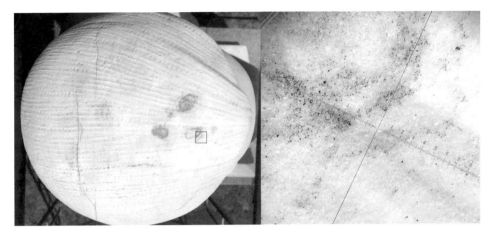

图 2-17　鸟粪渗透到表面劣化的汉白玉晶体之间，无法通过日常清洁去除掉
图片来源：戴仕炳，摄于 2019 年 5 月

2.2　露天汉白玉保护治理和预防理念及技术可行性

　　作为中国特有的汉白玉，过去对汉白玉的病状、病理、保护技术等研究主要集中在北京的官式建筑构件或附属文物。从 20 世纪 80 年代开始，中国兴起所谓"防风化"保护研究，初衷是通过所谓的封护，使石材与自然环境隔绝而使风化速度变缓直至归零。这一理念也被应用到汉白玉保护实际工程，包括上海宋庆龄汉白玉雕像维护中。在 10 ～ 30 年后对这些完成的保护工程进行初步后评估发现，部分防风化处理达到了保护效果，但是部分"防风化保护"的文物发生新的劣化，而新的劣化很大程度上和使用不当的材料或者防风化措施本身存在缺陷相关。特别是部分施工到文物本体上的防风化材料难以在不损害文物本体的前提下清除，使后续的保护工作变得异常复杂。因此，对上海宋庆龄汉白玉雕像的保护要极其谨慎。

2.2.1　石质文物本体干预的成功经验和教训

　　如前述，导致汉白玉劣化的症状是开裂、表面粉化（糖粒状）、变色、微生物附生等，主要自然病因是冷热变形（含干湿变形）、化学腐蚀及相关的水溶盐和微生物非控制性发育。不当的保护措施加剧了汉白玉的劣化。

基于少干预及可持续保护的原则，首先要治理病状，根除病根或延缓病理导致的劣化速度，具体措施包括降低劣化石材表面及内部的水溶盐、开裂部位黏结和维稳、劣化石材的增强等。再采用预防性措施，使文物长治久安。

汉白玉病状治理不同于所谓的防风化。从 20 世纪 80 年代开始，尝试对汉白玉等进行防风化（加固）处理（韩冬梅等，1999；王丽琴等，2004），北京部分汉白玉采用了所谓防风化处理。部分防风化材料的残余加剧变色、开裂等。

在德国开展的石质文物监测研究项目中（M. Auras 等，2021），对石质文物保护中硅酸乙酯固化的耐久性、无机修补剂的长效性、降盐的长效性、憎水等进行了评估，得到的结论对我们制定治理措施有启发。

（1）表层固化（consolidation）：对砂岩、凝灰岩等只采用正硅酸乙酯类及改性的正硅酸乙酯增强剂（包括适用碳酸盐岩石的正硅酸乙酯），实践中使用增强的材料浓度越来越低，避免强度过高导致皮壳状脱落等。因为强度低，使其增强容易，但强度高了是没有办法降低的。

（2）憎水（water repellent）：憎水处理技术的本意是降低建筑外墙面吸收雨水的能力，避免墙面受潮而影响建筑使用。这一处理方法被应用到石质文物后，经过长期观察，改变文物本体表面吸水、透汽等物理性能的憎水等，封护石质文化遗产被认为弊大于利，现在对特别重要的石质文物或者装饰构件已基本放弃憎水处理。石质文物憎水处理原来的出发点是增加石材抵抗降水带来的潮湿危害，但鉴于憎水处理可能出现的副作用以及在露天自然环境下达到理想状态的难度非常大，失效的石材重新做憎水处理没有意义。代替渗透性的憎水处理，在遇到需要表面保护时更多地采用成膜的、耐久性有限的保护层如石灰层或粉刷层。

（3）维稳（stabilization），如黏结修补：尽管有机黏合剂使用得当有 20 年以上的寿命，但是无机材料越来越多得到应用，修复材料的强度也越来越低。

欧洲从 20 世纪八九十年代，中国从 21 世纪初开始，石灰材料越来越多地应用于石质文物保护，但是石灰的选择需要根据气候环境、文物本体特征等进行配比优化。其中天然水硬石灰因含有缓慢水化凝结的硅酸二钙（水硬性组分）达到较适宜的强度，同时含有 20%~50% 的氢氧化钙，具有高钙气硬性石灰的优点，所以愈来愈多地应用到包括维稳、修补、结构加固等文物保护修复工程。纳米 - 微纳米石灰作为一种新材料被较多地用来保护修复碳酸盐岩石或壁画等（见第 4 章）。

2.2.2 牺牲层保护方法

综合现有的研究成果，暴露在自然环境下的文化遗产面层牺牲性保护可以定义为：通过诱导热、湿、力、盐等影响本体耐久性的效应完全或部分集中于新的保护或修复材料，使保护材料（牺牲性材料）先于本体材料破坏，以确保新旧材料在特定的气候条件下有机融合而达到保护遗产的技术措施。牺牲性保护的概念强调，为了保护原有的历史材料应牺牲后添加的保护修复新材料，并通过持续监测和定期维护，使得遗产得到可持续的保护和利用。牺牲性保护是预防性保护、最小干预及持续维护等理想保护原则在保护实践中的结合运用，是一种主动式的预防性保护策略（Dai & Zhong，2019；钟燕、戴仕炳，2020）。

在石质文物表面采用牺牲层保护方法（Sacrificial layers）（Katherina Fuchs & Farkas Pinter, 2020）或者称为覆盖涂层（Shelter coat）（Marija Milchin 等，2020），就是将影响本体的不利因素部分转移至新的保护层上，以牺牲新的保护层而保护文物本体（图 2-18）。

在材料方面，近年来的一项重要研究是采用石灰为基础材料应用到露天矿物材质艺术品及历史建筑饰面的牺牲性涂层。石灰及其改进材料作为牺牲性涂层的最大优点是可再处置。石灰粉刷或涂层具有一定的吸水能力，但是具有高毛细透汽性，这样保证水溶性的盐分能够穿透保护层而达到表面。牺牲层性能设计需要考虑基层强度、吸水性能、干湿膨胀收缩性能等。这类保护层或多或少会改变石质文物表面的颜色和质感，需要经过实验评估后实施，但是汉白玉本身就是白色，采用石灰作为牺牲性保护层使汉白玉变白并不会根本性改变文物本体的颜色和质感。有关纳米石灰材料特点请见第 5 章。

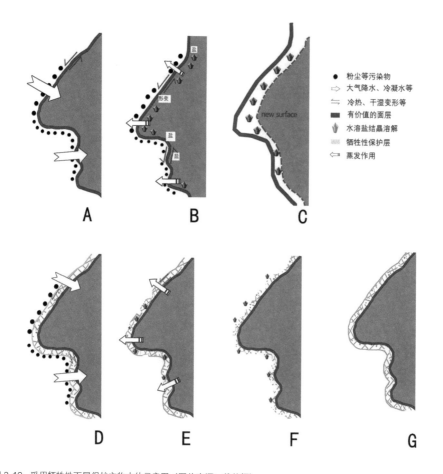

图 2-18 采用牺牲性面层保护文物本体示意图（图片来源：戴仕炳）
A：导致石质雕像损坏的热、湿、污染等；B：开裂、水溶盐结晶溶解等作用会破坏面层；C：长期作用面层发生破坏；
D：施工牺牲性保护面层；E：水溶性盐会聚集在牺牲性保护层内，热湿等的交替也主要发生在牺牲性保护层中；F：牺牲
层被破坏；G：施工新的牺牲层

第 3 章　实录与病害勘察

3.1　宋庆龄陵园内宋庆龄汉白玉雕像简介

宋庆龄陵园内宋庆龄汉白玉雕像（以下简称"雕像"）位于纪念广场北侧，与南端的国旗和雕像背后的宋氏墓地形成陵园的南北轴线（图 3-1）。

雕像周围有约 10 米见方绿地并被宽高约 0.4 米左右的小叶黄杨绿篱围绕。陵园管理处还会在各纪念日临时以当季鲜花环绕雕像或满铺雕像四周这小块绿地。雕像位于高约 1.1 米、长宽约 1.5 米的略带粉红色的花岗岩板贴面的基座上，基座正面阴刻有贴金数字"1893—1981"表示宋庆龄的生卒年份（图 3-2）。

雕像高 2.52 米，在约 0.2 米厚的台座上，宋庆龄端坐在由带花边织物完全覆盖的无靠背坐具上，头挽发髻微微扬起略向左前，面含微笑，双手自然交叠置于膝上，双脚着圆角方口鞋，略有前后地从裙中仅露出部分，左脚略突出台座。在着装上，

图 3-1　宋庆龄陵园纪念广场北侧的宋庆龄汉白玉雕像
图片来源：汤众，摄于 2021 年 9 月

图 3-2 鲜花围绕的宋庆龄汉白玉雕像与基座
图片来源：汤众，摄于 2022 年 2 月

宋庆龄身穿旗袍，外套圆翻领上衣，旗袍从前胸一直延续到脚面。

雕像因为是坐姿，前后进深较大，故雕像以前臂、大腿中部和坐具前及坐具和台座左右前外侧分为 4 部分由同质汉白玉拼合而成。雕塑创作者以不同的表面处理手法表现不同材料的质感，暴露在外的面部、手、脚面比较光滑，从旗袍、外套至坐具下织物逐渐粗糙并以浅浮雕表现织物材质和花边花纹。雕像背后右下角台座一角雕有数字"1984.1.27"表示雕像落成揭幕日期。

雕像以宋庆龄最具风采的、50 岁左右时作为国家领导人从事外交活动时的形象为基础，显示出高风亮节的气质和慈祥的风度，完美展示出宋庆龄特有的神韵，具有很高的艺术和历史价值（图 3-3）。

由于雕像在陵园内非常瞩目，其外观需要尽量保持洁白无瑕，因此在雕像在户外放置 6 年后，受环境影响，表面开始有些污染泛黄时，陵园管理处于 1990 年 11 月请上海市涂料研究所对雕像进行清洁后再以白色涂料粉刷。1991 年 3 月，上海市涂料研究所经研究后，利用 A-30 聚氨酯 - 丙烯酸透明涂料，取钛白粉打底并在涂料中拌有少量的白漆的办法又进行粉刷处理。以后近 10 年间，每年都以涂刷丙

图 3-3 宋庆龄汉白玉雕像正面
图片来源：汤众，摄于 2022 年 2 月

烯颜料的方法作为保护措施。直至 2010 年 3 月，上海市涂料研究所又对宋庆龄汉白玉雕像及其他相关地面文物采取专业涂料保护措施。

由于白色涂料不是透明的，雕像经过涂料粉刷后，原有汉白玉晶莹的质感被覆盖，外观近似石膏塑像，其艺术价值受到影响。

2012 年 9 月，上海英灏雕塑设计工程有限公司采用专业措施将宋庆龄雕像表面涂料去除清洗，恢复原汉白玉表面。2013—2014 年，采用进口有机硅 - 氟材料防水憎水保护（产品为硅烷浸渍类产品，90% 为石油醚，8% 为有机硅，2% 有机氟。原材料选自德国 Wacker[瓦克] 公司和美国 Dopont[杜邦] 公司）。保护层为无色透明，雕像外观上保持了汉白玉晶莹白色的质感。

然而几年过后，本体上还是出现明显的开裂、起粉等现象，并在视觉上有恶化的趋势，同时出现苔藓、鸟粪污染等问题。2018 年初步检测发现，有机硅憎水保护层已经完全失效。为延缓病害的进一步发展而导致重大损害，需要对现状进行科学评估和全面的检测，分析病害，以此进一步规划干预修复工作的策略。

3.2 现状实录

名人雕像最重要的是以完美外观供人瞻仰，然而受自然气候环境影响，雕像会产生各种物理与化学上的变化，特别是在南方多雨高温潮湿环境影响下变化更大，因其影响美观与使用，被统称为"病害"，其外观可以被人们观察到并产生主观负面评价。然而这种观察与评价往往比较含糊，更多是模糊形容，很难作为研究保护的客观依据。因此对其外观现状的确实记录是评估工作的第一步。宋庆龄汉白玉雕像虽然落成于 1984 年，但由于其为国家重点文物保护单位"中华人民共和国名誉主席宋庆龄墓"重要组成部分，因此可认作重要的石质文物。为此参照《馆藏砖石文物病害与图示》(GB/T 30688—2014) 以及德国相关标准对宋庆龄汉白玉雕像进行系统性观察、记录病害现状并予以图示病害等工作。

3.2.1 纹理与色彩

根据日常观测：宋庆龄汉白玉雕像多处变色泛黄，晴天还好，但在阴雨天看上去是"花"的。另有多处开裂也是感觉在阴雨天会更明显。为此需要分别在晴天和阴雨天将经验性的描述转化为对雕像外观纹理与色彩的记录。

外观纹理与色彩记录最通常的方式是拍摄照片，如今都采用的是数码照相机。随着手机拍照的功能越来越普及和完善，初步的现场记录也会直接采用较为方便的手机进行拍摄，只是无论选用何种摄影器材都必须正确设置合适的曝光与白平衡。

由于目前所有摄影器材能够记录的明暗变化范围（又称：感光宽容度）都远远小于人眼，因此只有合适的曝光才能使得相机能够较为完整地记录下雕像表面的明暗变化。汉白玉整体是白色，但光线会因雕像表面凹凸转折而产生阴影，最终显示出来的是一系列深浅不同的灰色。拍摄雕像时合适的曝光就是将相机可以记录的明暗变化范围尽量控制在雕像表面的明暗变化之内（图3-4）。

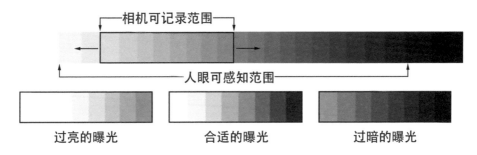

图 3-4　感光宽容度与曝光控制示意
图片来源：汤众

现在通常的摄影器材都会有自动测光系统来控制曝光，即照相机测量拍摄范围内的明暗变化，通过计算控制曝光。然而由于现场环境复杂，很难完全依赖相机的自动测光，需要拍摄者根据拍摄目的进行必要的调整（又称：曝光补偿）。

为了衬托雕像，陵园设计种植了长青松柏作为背景。这些松柏的颜色较深，面积相对雕像也较大，这就影响了相机拍摄的自动测光，需要进行适量的曝光补偿。

在晴天日照良好的情况下，因雕像基本面向南方，在陵园开放时间，特别是10:00—16:00，雕像正面有充分的阳光直射照明，在其背后深绿色的松树衬托下，雕像整体呈亮丽的白色。阳光强烈时，白色雕像被阳光照射到的地方亮度很高，而未被阳光照射到的阴影部分相对较暗，两者间产生较大的反差，而雕像背后深绿色的松柏的颜色则更深，这使得雕像亮部白色部分有些晃眼，强烈的反差也使得雕像暗部显示为较为灰暗的一片，也不容易看出变化。这就使人们感觉雕像在晴天外观状态较好（图3-5）。如果按照普通观者在雕像前方约 5 米外的绿篱外，基本感觉不到雕像的微妙色彩变化。一般的照片拍摄采用的自动曝光会根据整个画面的明暗

图 3-5　晴天拍摄雕像
图片来源：汤众，摄于 2021 年 6 月

分布计算曝光量，这就使得照片中白色的汉白玉雕像也呈现出亮丽的白色。如果再不做曝光补偿以感光宽容度较低的手机拍照，往往会由于背景较暗而使得雕像曝光较多甚至过度，整个雕像白白的一片，也就记录不下什么变化。

　　阴天时，特别是雨天，雕像被雨淋湿以后，表面反射率降低，较低的、均匀且来自多个方向的照明使得整个雕像失去了强烈的明暗反差，这时候，雕像的底色是一致的，而不均匀的色差和纹理就很容易被观察到，雕像显现出多处深浅和颜色不同的条纹，即所谓变"花"。而裂缝中的灰尘吸水之后也从浅灰变成深灰甚至黑色，变得更为明显。由此可见，无论阴晴，雕像的病害都是客观存在的，只是在晴日里不易被观察和感受到，而阴雨天则使得病害更为显现（图 3-6 左）。如果以专业照相机以雕像为测光对象进行拍摄就可以明显记录雕像外观的这种不均匀，如果再经后期图像增强处理，则会更为明显（图 3-6 右）。

　　具体使用专业照相机以雕像为测光对象拍摄时会使用其"点测光"功能，即相机仅测量取景画面中很小范围的亮度作为计算曝光量的依据。为更为准确控制曝光，还可以在拍摄前参考相机显示的"色阶直方图"。

图 3-6 阴天仅对雕像测光后拍摄（左，2019 年 2 月）与图像增强处理后效果（右）
图片来源：汤众 摄于 2019 年 2 月

数码照片一般把照片的亮度分为 0 到 255 共 256 个数值（256 色阶，8bit 色深），数值越大，代表的亮度越高。其中 0 代表纯黑色的最暗区域，255 表示最亮的纯白色，而中间的数字就是不同亮度的灰色。用横轴代表 0 ～ 255 的亮度数值。竖轴代表照片中对应亮度的像素数量，这个函数图像就被称为"色阶直方图"。拍摄取景时使用相机显示色阶直方图的功能，可以很方便地在拍摄现场进行曝光量的精细调整设置。

较为专业的数码照相机都有在拍摄取景时就显示色阶直方图的功能，可以很方便地在拍摄现场进行曝光量的调整设置。另外，越是专业的摄影器材其内部感光元件的动态范围越大，采样频率也越高（可达 14bit 色深），即可以记录更丰富的明暗层次。专业的镜头也会使得通过的光尽量不被在镜头内部多次反射而降低成像的明暗反差。这就是在正式记录汉白玉雕像病害状态时，还是建议使用较为专业的摄影器材的原因。

以平均测光控制曝光产生的图像其色阶直方图会使得图像中表现雕像的像素被挤压在 255 附近，也就是雕像部分显示为纯白色（图 3-7 上）；以点测光或根据色阶直方图进行曝光补偿（减低曝光量）之后，图像中雕像最亮的部分也不到 255，整座雕像呈现出丰富的灰色调变化，同时作为其背景的松柏由于曝光量不足，呈现为黑色。（图 3-7 下）

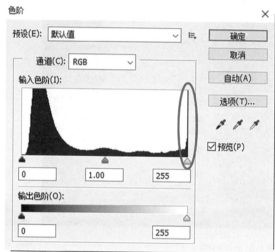

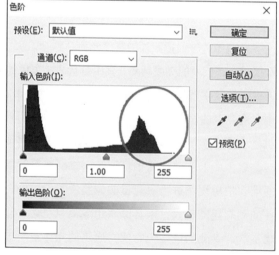

图 3-7　不同曝光量的色阶直方图表现
图片来源：汤众

数码图像还可以通过后期处理进一步增强其明暗反差。为避免背景中有浅色部分的干扰可先去除背景，然后根据色阶直方图将深色和浅色分别向两侧拉开，将原本只在较小明暗范围内变化的图像转化成较大的明暗变化，这样就可以将一些不明显的明暗变化显现出来，达到病害定位的目的。经过调整曝光拍摄并后期增强处理后，在晴天以合适曝光拍摄的汉白玉宋庆龄陵雕像也明显地显现出了"花"的状况（图3-8）。

雕像表面除了有明暗变化还有色彩上的变化。相比较新开采的汉白玉，雕像外观整体色彩有些泛黄且不均匀。然而在色彩方面，即使是十分专业的摄影器材也不容易做到客观记录，那是因为通常消费类的数码照相机的半导体感光材料其实只能够记录亮度信息，为了拍摄各种色彩变化丰富的场景，以大量间隔排列的含多色滤镜（通常为红、绿、蓝三色）的半导体感光元件形成一个感光平面接受镜头产生的影像，然后再经过复杂计算模拟出近似的色彩影像。为了迎合人的主观感受，还会在内部进行色彩调整，其中最常见的是白平衡的调整。自然光线色彩是变化的，晴天日出后和日落前一段时间，由于阳光斜射需要穿过更多空气，波长较短的蓝紫色光被散射吸收，使得色彩呈现出偏红黄的暖色调；而在阴雨天则更多是云层散射的偏蓝的冷色调光。在不同色调的光线照射下，白色物体自然也就呈现出相应的色彩。为此，一般数码相机都会有调节白平衡的设置，即通过调整影像色彩使得不同色调光线照射下的白色物体都呈现出"白色"。但这种白平衡调整也使得影像色彩变得不准确。

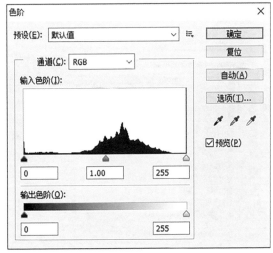

图 3-8　图像后期增强与色阶直方图
图片来源：汤众

还有些相机在拍摄人物对象时为避免过于真实显示肤色还特意将黄色调整成一种白里透红的粉红色，更极端的还有手机拍照常用的所谓"美颜"处理。另外为增加摄影艺术氛围，有些相机还会有各种的胶片模拟设置以模拟胶片色彩（失真）效果或滤镜模式使影像呈现出特殊色调（图3-9）。为此，即使是现场初步勘察需要记录色彩也不能仅仅只是对着对象拍照片就行，最基本的要根据对象被照明的光环境测定色温并设置好相应的白平衡，并要尽量避免相机内部各种色彩"优化"模式。

再进一步可以购置专业的色卡，选择合适的色卡中对应对象较为接近的色彩范围页，将其与被需要记录色彩的对象一起拍摄下来。色卡是自然界存在的颜色在某种材质上的体现，用于色彩选择、比对、沟通，是色彩实现在一定范围内统一标准的工具。美国 Pantone 色卡（潘通色卡）、德国 RAL 色卡（劳尔色卡）、欧洲标准的瑞典 NCS 色卡、日本 DIC 色卡等这些都是国际常用的色卡。在初步记录宋庆龄陵雕像表面色彩时，选用的是欧洲标准的瑞典 NCS 色卡中 P22-25 浅橙黄色系作为参照，并在后期通过图像处理软件中的"拾色器"进行比对（图3-10）。

图3-9 相机的胶片模拟
图片来源：汤众

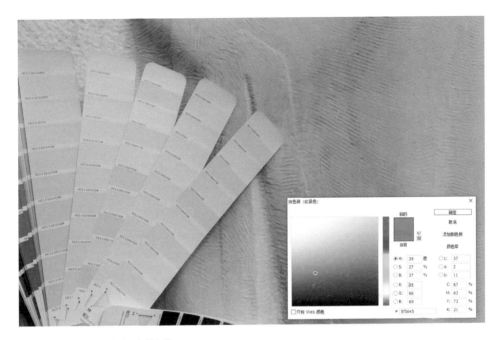

图 3-10 NCS 色卡、雕像表面与拾色器
图片来源：汤众 摄于 2022 年 2 月

    使用色卡仅仅只能是作为一种参照，并无法准确记录雕像表面的色彩。雕像表面的"泛黄"其实是一种纯度和明度都较低的橙（红、黄混合）色，要确切定义就需要应用色彩学知识。色彩学建立各种颜色模型用于表示色彩，比较常见的有 RGB 模式（Red 红、Green 绿、Blue 蓝），基于光线，常用于显示器；还有 CMYK 模式（Cyan 青、Magenta 品红、Yellow 黄、Black 黑），基于颜料，常用于印刷。

    Lab 模式是根据国际照明委员会（英语：International Commission on Illumination，法语：Commission Internationale de l'Eclairage，采用法语简称为 CIE）在 1931 年所制定的一种测定颜色的国际标准建立的，于 1976 年被改进并且命名的一种色彩模式。Lab 颜色模型弥补了 RGB 和 CMYK 两种色彩模式的不足。理论上自然界中任何一种颜色都可以在 Lab 空间中表达出来，它的色彩空间比 RGB 空间还要大。另外，这种模式是以数字化方式来描述人的视觉感应，与设备无关，所以它弥补了 RGB 和 CMYK 模式必须依赖于设备色彩特性的不足，也是一种基于人生理特征的颜色模型。

Lab 颜色模型由三个要素组成，一个要素是亮度（L），a 和 b 是两个颜色通道。a 包括的颜色是从深绿色（低亮度值）到灰色（中亮度值）再到亮粉红色（高亮度值）；b 是从亮蓝色（低亮度值）到灰色（中亮度值）再到黄色（高亮度值）。因此，这种颜色混合后将产生具有明亮效果的色彩（百度百科词条，https://baike.baidu.com/item/Lab 颜色模型 /3944053）（图 3-11）。

Spectrophotometer（分光测色仪，又称分光色度计），就是一种可以精确测量色彩的光学测量仪器，主要是根据 CIE 色空间的 Lab、LCH 原理，利用一定波长光源照射到被测样品上，光源被物体反射后通过滤光片以模拟某一特殊照明体的标准观察者函数，反射光通过传感器接收信号，这些信号然后以 X、Y 和 Z 方式显示，然后转换成 L、a、b 值以及总色差△E。因其又可以通过两次测定或与内置标准进行比较给出差值，又被称为分光比色计、分光色差计。

分光测色仪通常根据测试产品的不同及重复性（精度）的要求，可以分为便携式 / 手持式和固定式 / 桌面式，前者适合户外现场进行颜色检测，部分型号可以测量带弧度的产品；而后者重复性（精度）相对比较高，稳定性强，适合做产品配色。

对于宋庆龄陵雕像使用了手持式的分光测色仪（安孛纳 ANBUBNA-2081，图 3-12）对其面部和上半身前面共 12 处进行了色彩采集。除了对这些点的色彩做客观记录，还可以进行简单的统计比较分析。从图表中可以看到雕像不同部位的亮度差别不大但色差还是比较大的（图 3-13）。

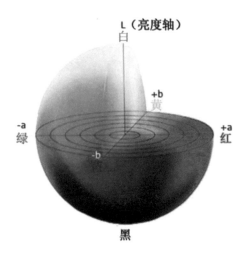

图 3-11　Lab 颜色模型示意图
图像来源：百度百科

现场实际使用也发现分光色度计采集的是一个极小的点的色彩，而汉白玉本身也不是均匀的，其成分中的白云石、石英、云母等不同矿物自身的色彩都会影响到分光色度计采集到的色彩值，因此同一个部位都需要多次采集取其平均值，这样采集到的色彩值依然还是个参考值，可以通过增加现场采集次数来尽量获得比较准确的数值。

3.2.2　微观病害

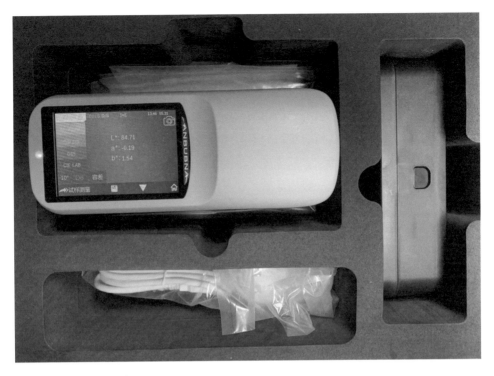

图 3-12　手持式的分光测色仪
图片来源：周月娥，摄于 2019 年 4 月

采样点	L	a	b	L/10	a·10	色彩示意
P01	83.41	0.52	8.19	8.341	5.2	
P02	83.93	0.72	8.78	8.393	7.2	
P03	89.81	0.13	4.21	8.981	1.3	
P04	86.96	0.39	8.08	8.696	3.9	
P05	83.45	0.84	9.86	8.345	8.4	
P06	87.96	0.04	3.92	8.796	0.4	
P07	84.37	0.55	8.43	8.437	5.5	
P08	87.41	0.25	6.97	8.741	2.5	
P09	85.52	0.61	8.33	8.552	6.1	
P10	83.45	0.11	4.99	8.345	1.1	
P11	83.81	0.35	6.22	8.381	3.5	
P12	87.61	0.08	5.28	8.761	0.8	
平均值	85.64	0.38	6.94	8.564	3.83	

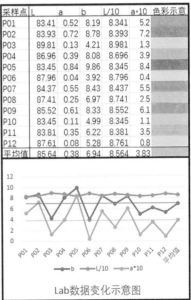

Lab数据变化示意图

图 3-13　雕像不同部位的色差 Lab 值
图片来源：汤众，2021 年 3 月

雕像除了整体外观上的变化，还有一些细微的病害，如裂缝、剥落、苔藓等，在现场可以通过高倍率放大镜进行观察（图3-14），为留存和交流展示，还需要通过微距摄影予以记录。

可换镜头的摄影系统都会有专门用于微距摄影的专业微距镜头。微距镜头的放大率可达到1：1，即镜头可将实物的真实大小完全投射在感光平面上。微距镜头在近拍时除了有较高的解像度和反差度，其镜头的成像面是一个平整的像场，能够取得照片的中心与边缘影像一致的品质。专业数码相机分辨率可超过200像素／毫米，也就是理论上可分辨0.01毫米宽的缝隙，实际由于受限于镜头分辨率和拍摄现场条件，起码可以保证分辨0.05毫米以上宽的缝隙（图3-15）。

由于微距拍摄的照片只是雕像的很小的一个局部，很难从照片上感受病害的大小，为此需要在拍摄时在画面内旁放置一个可参考的标尺。在宋庆龄陵雕像裂缝的拍摄中，使用了工业检测中的菲林尺，这是一种印刷在透明胶片（菲林）上的高精度的刻度尺。菲林尺不仅拥有极佳的透光度，还可以弯曲以贴合雕像不平直的表面，而其刻度可以精确至0.1毫米（图3-16）。

3.3 数字化建模

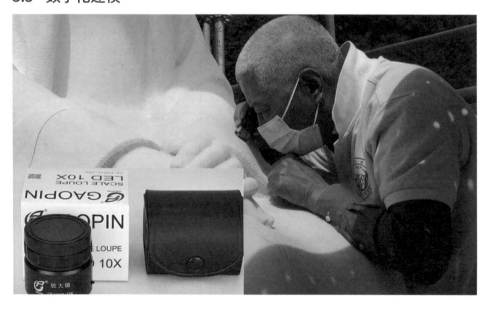

图3-14 现场以高倍率放大镜进行观察
图片来源：汤众，摄于2021年4月

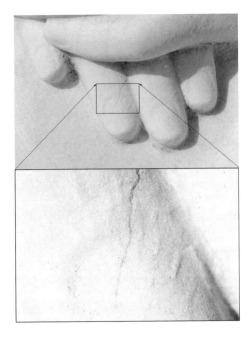

图 3-15　微距摄影记录微观病害
图片来源：汤众，摄于 2019 年 6 月

　　宋庆龄陵园日常对外开放，位于陵园轴线纪念广场上的雕像为瞻仰的主要对象，不宜长期搭建脚手架观察，因此需要建立三维模型用于实验室观察、定位其病害。数字化建模采用基于近景摄影测量技术的方法。相比于侧重高精度测量的三维激光扫描，基于近景摄影测量技术建模的表面贴图的图像精度可以高于三维激光扫描获得的彩色点云，而其几何精度也基本满足观察、分析、定位雕像表面病害要求。通过多角度专业密集采集高分辨率图像，以专业图像识别建模软件进行图像处理，可以建立三

图 3-16　菲林尺辅助微距拍摄
图片来源：汤众，摄于 2019 年 6 月

维点云（Point Cloud）模型，再由点云生成网格（Mesh Model）模型，并赋予较高精度的表面纹理贴图（Texture Map）。

　　基于近景摄影测量技术建模首先需要多角度专业密集采集雕像的高分辨率图像。雕像总体高度约 3.6 米，为避免在现场搭建脚手架后干扰图片拍摄，采用自制碳纤维长杆上安置数码微单相机进行遥控拍摄。长杆由四节 1 米长空心碳纤维杆套接而成，在保证足够强度和刚度的情况下尽量降低自重（图 3-17 右）。

　　采集雕像的高分辨率图像所采用的为 SONY ILCE-QX1 型可换镜头微单相机机身及其配套各类镜头（图 3-17 左），由于其在设计时作为与智能移动终端（Smart Device，智能手机或平板电脑）配套使用而取消了取景和显示部分功能组件，因此重量仅约为 158 克，非常适合安置在长杆顶端上以智能移动终端遥控取景拍摄。SONY ILCE-QX1 所使用的 2000 万像素 APS-C 传感器可以提供足够高精度和高画质的图像，同时其还可以安装不同镜头以对应不同的拍摄需要。通过安装 SONY SEL16F28 超广角（重 67 克）或 SONY SEL20F28 广角镜头（重 69 克）可在近处拍摄宋庆龄雕像的全身（雕像左、右、前方外围 2 米左右有一圈冬青绿篱），由于雕像背后作为背景的松柏距离雕像仅 1 米多，为能以 1 张照片拍摄整个雕像的背部，还需要在 SONY SEL16F28 超广角前端安装 SONY VCL-ECU1 超广角附加镜。而拍摄雕像局部病害时，则需要使用 SONY SEL30M35 微距专用镜头可以获得 1：1 放大率的图像。作为所采用的这些镜头里最长焦距和质量最大的镜头，SEL30M35 微距镜头长度不及 60 毫米，质量仅有 138 克。

图 3-17　采用自制碳纤维长杆（左）和微单相机及镜头采集图像
图片来源：汤众、黎静怡，摄于 2022 年 2 月

完成宋庆龄雕像的多角度高分辨率图像采集以后，再使用专业图像识别建模软件（Agisoft PhotoScan Professional Edition）进行图像建模处理（图 3-18）。软件按照其工作流程：先将所有图像根据拍摄位置在三维空间中对齐，然后建立密集的三维点云模型，接着再由点云生成网格模型，最后赋予表面纹理贴图。整个过程基本都是计算机根据设置的精度参数自动进行。需要注意的是：这种根据图像建模的计算其实非常复杂，需要耗费大量的计算机计算能力，而且如果设定的参数精度越高，则计算量越大，对应的耗时就会越长。因此，一般会先计算一个较低精度的模型用于验证之前采集的图像是否足够完整计算建立出三维模型，然后再逐步提高精度，在模型精度和计算资源消耗量之间寻求一个平衡。

根据三维模型，再生成消除透视变形后可以精确测量的正射投影图。由此可以无需在搭建脚手架的现场而在实验室通过电脑仔细观察分析雕像表面病害数量和分布位置，并可以精确定位标注，提供下一步现场工作参考（图 3-19）。

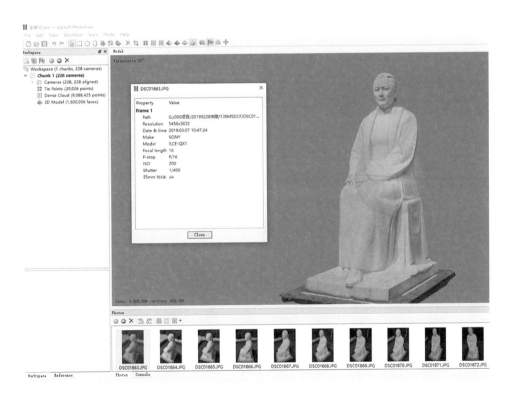

图 3-18　使用软件进行数字化建模
图片来源：汤众，2019 年

图 3-19　雕像正射投影图
图片来源：汤众，2019 年

相比较直接在现场拍摄的照片，由三维模型生成的宋庆龄雕像各个角度的影像可以避免由于在近距离使用超广角镜头产生的透视而变形，也可以去除雕像以外的背景杂物（图 3-20）。

2019 年，为能够较为详细记录宋庆龄雕像的病害状态，在现场照片共计拍摄 228 幅（每张照片像素 5 456×3 632 20M），特征连接点 20 026 点，生成密集点云 9 088 425 点，三维网格模型 1 600 036 面，并生成正射投影图（图 3-18、图 3-19）。

2021 年，为对保护修复后效果做记录以与 2019 年状态进行对比，再次使用完全相同的设备和方法再一次多角度专业密集采集宋庆龄雕像的高分辨率图像并以此建立数字化模型。此次现场拍摄照片共计拍摄 240 幅（每张照片像素 5 456×3 632 20M），特征连接点 40 199 点，生成密集点云 3 710 969 点，三维网格模型 247 396 面（图 3-21）。

图 3-20　相同角度现场照片与模型对比

图片来源：汤众，摄于 2019 年 5 月

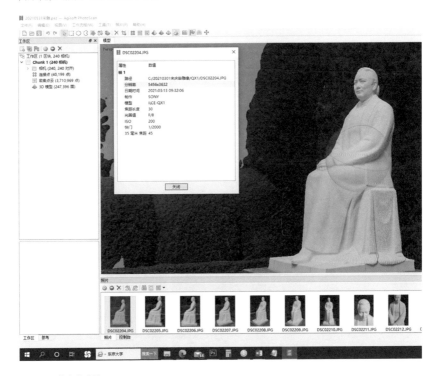

图 3-21　数字化建模

图片来源：汤众，2021 年

3.4 热红外成像

由于黑体辐射的存在，任何物体都依据温度的不同对外进行电磁波辐射。波长为 2.0~1 000 微米的部分称为热红外线。热红外成像仪通过对热红外敏感 CCD 对物体进行成像查看、测量热辐射，能反映出物体表面的温度场。在实际测量时需要考虑周围环境的温湿度及光照等。

石材裂缝中，特别是深度较深的缝隙，其温度表现会与周围完整石料有差异。其差异程度与缝隙宽度、深度及内嵌物的物理化学特性有关。

目前专业热红外成像仪较为昂贵，其图像分辨率不高（通常最高 640×480 原始分辨率），但温度分辨率可 <0.02℃，而温度范围校准高达 2 000℃。现场采用的 Flir T660 手持式热红外像仪还可以提供 307×200 像素以及 UltraMax（超级放大）图像增强功能，同时具有众多选配镜头和微距镜头，旋转的聚光装置可上下旋转 120 度。

经过对现场雕像进行热红外成像检测，可以比较清楚地查看裂隙的可能的缺陷。热红外成像仪拍摄所得图片可以看出温度的差异，根据温差可定性判断裂隙的位置。

结果发现尽管在外观上雕像全身有多处存在裂缝，但明显存在温度差异的主要是头部右上侧竖向的一道裂缝（图 3-22），而平行走向的细裂纹在热红外图像上没有得到反映。这意味着东西走向竖向裂缝的深度相比较其他裂缝要更深，情况更严重，这在后续的检测中也得到进一步证实和量化。头部裂缝的温度在升温过程中高

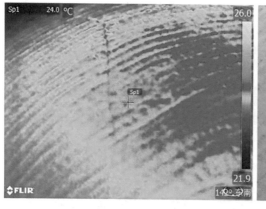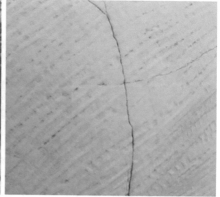

图 3-22 热红外成像检测雕像头部裂缝
图片来源：上海谱盟光电科技有限公司，摄于 2019 年 4 月

于两侧石材（不是低于石材！），形成一条"热线"，这条"热线"应该和裂缝中有深色污染物（灰尘和微生物等）聚集有关。高温导致的变形会加剧开裂，加剧大气降水及冷暖水的聚集。因此这类裂缝除了需要采用合适的材料（微纳米石灰，请见第 5、6 章）注射密实外，表面更需要浅色的材料如添加汉白玉粉的石灰修补剂覆盖，以消除"热线"。

图 3-23　裂缝宽度观测仪
图片来源：周月娥，摄于 2021 年 4 月

3.5　裂隙观测

因雕像的不可移动性与不可破坏性，故现场利用便携式高品 1002L 放大镜（图 3-14 左下）观察以及微距摄影对宋庆龄雕塑所用材质汉白玉进行色彩、重点裂隙、表面显微特征等现状实录、分析。

雕像裂缝宽度很多都是毫米以下，微距摄影所用的菲林尺只能通过对照标尺间接得到大致尺寸，并不能精确测量。为此，还需要使用裂缝宽度观测仪对裂缝宽度做定量检测并存储被测裂缝图像。实际用于观测雕像的裂缝宽度观测仪（智博联 ZBL—F130，图 3-23）显微摄像头与主机间采用无线连接，显微摄像头体积小、重量轻、携带方便，裂缝宽度可自动实时判读和手动判读。

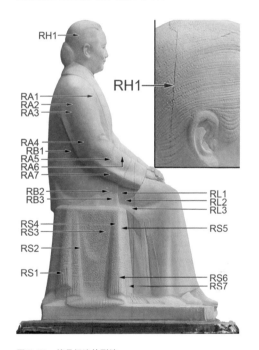

图 3-24　编号标注的裂缝

雕像上观测到的通过统一编号记录在之前摄影建模生成的正射影像上。为便于快速检索，对编号建立一套统一的规则。具体编号规则为 3 段字符，第一个字符表示雕像的方向（F 前、B 后、L 左、R 右），第二个字符表示雕像部位（H 头、A 臂、B 身、L 腿、S 座），第三个字符是顺序编号（图 3-24）。

3.6 粉化度测试

汉白玉的粉化度测试方法见附录1，工具包括分析天平（精度0.0001g）、刻刀、玻璃板、胶带等（图3-25），单位为毫克／平方厘米。按照附录1测定的汉白玉表面的粉化度为半定量的数据，仅作为判断表面劣化程度的参考指标，或者用于评估治理后效果（图3-26）。粉化度由于仅仅半定量地反应了文物表面的矿物颗粒的黏结程度，不能代表深部的强度，所以不能作为评估表层固化等保护处理效果的唯一指标。文物本体表层深部强度需要采用超声波等方法测定。

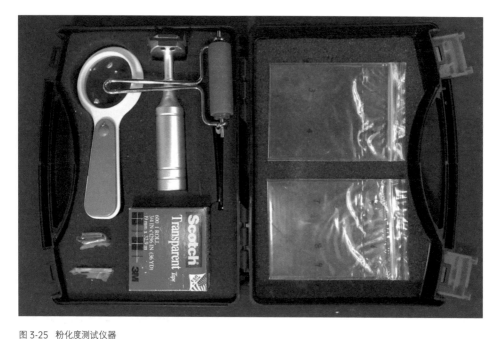

图3-25 粉化度测试仪器
图片来源：周月娥，摄于2019年4月

图 3-26　采用粉化度现场测试评估

图片来源：周月娥，摄于 2019 年 4 月

第 4 章　雕像风化状况的超声波检测

为探查宋庆龄雕像头部及其他部位风化状况及裂隙发育状况，选择超声波 CT 法和平测法，确定裂隙深度、劣化程度等。本章重点阐述超声波法检测石材风化后的劣化程度、开裂等病害状况的原理以及制定宋庆龄雕像保护技术前的勘察结果。保养维护后的超声波检测及结果参见第 8 章。

4.1　超声波和自然岩石

超声波是一种微机械振荡波，无论在固相、液相还是气相介质中均可以波的方式传播。超声波在不同的介质中运动时会产生不同的衰减，同一介质中不同的超声波类型也会产生不同的衰减。

超声波测试中最重要的参数是超声波速度，它的计算可由超声波通过一定距离所需的时间得到：

$$V = L / t$$

（4-1）

式中：

V 是超声波速度，单位为：米／秒；

L 是超声波测量距离，单位为：米；

t 是超声波传播时间，单位为：秒。

超声波检测中另一个重要的参数就是接收波的衰减量，超声波在弹性介质中传播时，会发生能量的衰减，其产生原因可以分为几个方面：①由于波前的扩展而产生的能量损失；②超声波在介质中的散射而产生的能量损失，即散射衰减；③由于介质内耗所产生的吸收衰减。④由于介质中存在裂隙，超声波在通过裂隙界面时发生传导衰减。

对于在介质中沿 x 方向传播的超声平面波，其声压振幅随传播距离 x 的增加呈指数衰减，表达为：

$$p(x) = p_0 \times e^{-\alpha_s}$$

（4-2）

对于 x_1 和 x_2 两点，若 $x_2 > x_1$，则

$$\alpha = \frac{1}{x_2 + x_1} \times 20 \times \lg_{10} \frac{p(x_1)}{p(x_2)}$$

(4-3)

式中：

α 为衰减系数，单位为分贝／厘米。

衰减系数 α 是表征介质超声波性质的一个重要的参量。在自然岩石探测中，可用的超声波频率范围是 20 ～ 1000 千赫。岩石中的超声波波速取决于岩石的密度、含水量及其他情况，可以说超声波速度及首波幅度与岩石的力学强度成正相关关系，而力学强度又直接反映着石质文物的风化程度，因而用超声波作为了解、评价自然岩石质量的参数是非常适宜的。

4.2 超声波在石刻风化及裂隙探测中的应用

石刻内部因种种原因很可能发育有裂隙、裂缝，超声波仍能"通过"这些裂隙及裂缝，只是传播时间因绕射而延长，强度也得到了不同程度的衰减：微小而断面结合紧密的裂隙可能不会引起超声波波速的明显变化，但会使首波幅度明显降低；较大的裂隙可以使首波幅度大大衰减，同时波速也会大大降低；而裂缝一般可以使超声波信号不能通过其界面，从而使接收信号消失。裂隙和裂缝都会对从其附近通过的超声波波形产生一定程度的畸变。通过对两点间超声波波速、首波幅度及波形的分析，就可得到这两点间介质有无不均匀分布的信息。采用一定检测体系和相应的分析方法即可得到所检测介质的密度分布情况。具体到石质文物，即可得到其内部的裂隙发育、风化状况分布等信息。

在石质文物保护中，利用岩石与超声波波速及首波幅度之间的相关关系，使得我们可以非常便利地用超声波来测量有关自然岩石晶间结合及其整体性能的有关情况。例如：通常情况下，新鲜岩石表层与核心部位力学性质一致，而风化岩石（尤其石刻表层）与核心部位甚至不同深度层次的力学性质差异都很大。这样，测量在振动源与接收器之间的超声波波速，就可以了解岩石的内部结构及强度变化，也即内部风化状况。

近年来随着超声波层析技术的不断发展和应用，更提供了探查和评估石刻裂隙内部发育情况的手段。石材风化后，其结晶体之间结构的松散和裂隙的存在，会降

低超声波在石材内部的传播速度，会使接收波的首波幅度有一定的降低，同时也会使得接收波的波形产生畸变，直接反映就是使接收波的频谱发生离散。利用合理的观测系统，通过对超声波波速、首波幅度及接收波频谱的分析，即可对石材的风化程度、内部的裂隙走向和位置进行科学的评估。

国际上常用表（表 4-1）给出的被测岩石与同材质新鲜岩石的超声纵波波速比 V_i/V_0 作为评价石质文物风化程度的依据，这与《岩土工程勘察规范》（GB 50021—2001）中岩石完整性分类表基本一致。

根据超声波波速判断整体风化程度，以新鲜岩石的超声波波速为 V_0，实测声速为 V_i，根据 V_i/V_0 的下列对比关系可以判断风化程度。

表 4-1 石材风化程度评估与 V_i/V_0 对照表

风化程度	V_i/V_0
未风化	$\geqslant 0.9$
孔隙度增加	$0.75 \sim 0.9$
风化的下限	0.75
轻度风化	$0.5 \sim 0.75$
严重风化	$0.25 \sim 0.5$
完全风化	$\leqslant 0.25$

4.3 超声波 CT 法原理

因雕像面部轮廓构造，在额头部采取 1 个剖面进行超声波 CT 检测，根据超声波 CT 波速解析图谱判断裂隙位置及深度。

在超声波 CT 检测时，设在成像剖面内共测有 N 条射线，首先根据测试精度把剖面分为 M 个单元（网格），以射线理论为基础的成像方法归结为求解如下方程：

$$\begin{bmatrix} I_{11} & I_{12} & \ldots & I_{1M} \\ I_{21} & I_{22} & \ldots & I_{2M} \\ \ldots & \ldots & \ldots & \ldots \\ I_{N1} & I_{N2} & \ldots & I_{NM} \end{bmatrix} \begin{bmatrix} S_1 \\ S_2 \\ \ldots \\ S_M \end{bmatrix} = \begin{bmatrix} t_1 \\ t_2 \\ \ldots \\ t_N \end{bmatrix}$$

$$(4\text{-}4)$$

式中：

l_{ij} 是第 i 条射线在第 j 个单元内的路径长度；

$S_j = 1/V_j$ 是第 j 个单元的慢度值；

t_i 是第 i 条射线的走时值。

求解这个矩阵方程，即可得出内部每个点的慢度值，其倒数即为对应点的超声波速度。求出各个像元的超声波速值，合理划分各个波速段的显示颜色，在成像结果图上予以显示。

基于射线理论的层析成像算法通过正演方法，根据先验信息给定初始速度，使用 LTI 法追踪声波的初至时间和射线路径；与此同时，在超声换能器端拾取声波的初至时间。然后进行反演，计算拾取初至时间与正演时间之差，并根据先验信息限制速度结果上下限，用 SIRT 算法对模型进行修改，判定是否满足迭代次数或是否达到精度要求，如果不满足，则用新的速度模型继续追踪计算初至时间以及射线路径，计算其与拾取初至时间的时间差，继续反演。循环迭代，直到满足迭代次数或达到精度要求，输出速度模型。

4.4 超声波平测法测定裂隙深度原理

在检测开口裂隙深度时，超声波从发射探头传播到裂隙的末端，然后返回到接收探头。假设裂隙垂直于表面，且超声波以恒定速度传播，则可以利用勾股定理计算出裂隙的深度。

测量 AB，DF 之间的距离和超声波传播声时，即可利用公式一（4-5）计算裂隙深度，即等腰三角形 ABC 的高 H（类型一，图 4-1 左）。

在现场检测中，可能出现裂隙两侧不具备较大平整检测面的情况，就需要采用类型二（图 4-1 右）的方法进行检测。计算方法见公式二（4-6）。

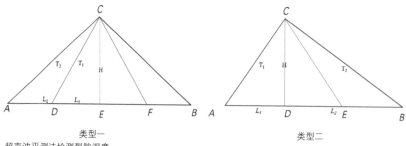

类型一　　　　　　　　　　　　类型二

图 4-1　超声波平测法检测裂隙深度

公式一：类型一裂隙深度公式

$$H^2 = \frac{T_1^2(L_2^2 - L_1^2)}{T_2^2 - T_1^2} - L_1^2$$

(4-5)

式中：

T_1 为 DCF 间声时；T_2 为 ACB 间声时；

L_1 为 DE 距离；L_2 为 AE 距离；

H 为三角形的高，即裂隙深度。

公式二：类型二裂隙深度公式

$$H^2 = \frac{T_1^2(L_2^2 - L_1^2)}{4(T_2^2 - T_1^2)} - L_1^2$$

(4-6)

式中：

T_1 为 ACE 间声时；T_2 为 ACB 间声时；

L_1 为 AD 距离；L_2 为 BD 距离；

H 为三角形的高，即裂隙深度。

4.5 超声波 CT 法检测

4.5.1 超声波 CT 法检测实施

检测采用陕西省文物保护研究院自主研发的整套超声波 CT 检测系统，包括 IUS2011 Pundit Lab+ 非金属超声波检测仪、微弱信号放大系统、探头直径转换系统、多探头固定系统和超声波 CT 分析软件。探头为 SONOTEC L40 54kHz 纵波探头。检测中采用干耦合技术，不使用任何耦合剂，避免了耦合剂对文物的污染。检测时间为 2019 年 5 月。

因为雕像结构复杂，仅选取裂缝较为严重的头部额头位置的一个检测平面进行了超声波 CT 检测（图 4-2、图 4-3、图 4-4、图 4-5），其他部位裂隙采用裂缝深度检测法检测裂缝深度。

图 4-2 超声波 CT 检测位置选择
图片来源：马宏林，摄于 2019 年 4 月

图 4-3 超声波 CT 检测平台搭建
图片来源：汤众，摄于 2019 年 4 月

图 4-4　超声波 CT 检测布点

图片来源：马宏林，摄于 2019 年 4 月

图 4-5　超声波 CT 法测试

图片来源：汤众，摄于 2019 年 4 月

4.5.2 超声波 CT 检测结果

超声波 CT 观测系统实测 120 组数据，检测结果如下图（图 4-6）。根据图像分析，可以得出如下结论：

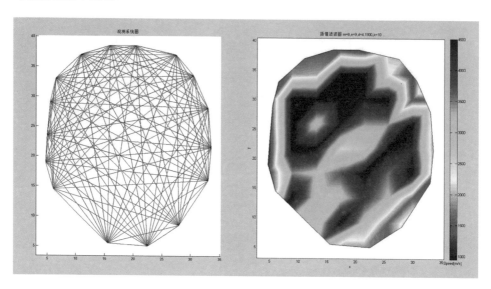

图 4-6　超声波 CT 图
图片来源：马宏林，2019 年

（1）现场观测及在自然光照片，未发现头部左后脑部（东侧）表面存在明显裂隙，但是根据 CT 测试结果表明存在两条发育较深的裂隙，深度约为 50 毫米；

（2）头部右后脑部（西侧）表面发现明显裂隙，根据 CT 测试结果裂隙深度为 10 ～ 50 毫米不等；

（3）超声波 CT 图谱发现宋庆龄雕像表面普遍存在 10 ～ 20 毫米厚度（最深处 50 毫米）的风化现象（图 4-6 中边部红色区域），深度比较大的是东南及西北方向的汉白玉，说明这部分汉白玉晶体结构开始疏松，应引起足够重视。

4.6　超声波平测法检测裂隙深度结果

除了采用超声波 CT 法测定了头部汉白玉的状态外，参考《超声法检测混凝土缺陷技术规程》，采用 4.4 节所述"超声平测法测定裂隙深度原理"，完成了裂隙深度（图 4-7）基础实验。2019 年 5 月现场共选取 15 条裂隙进行测量，其中横向裂隙 6 条，纵向裂隙 9 条。

通过测试分析得出，宋庆龄雕像的裂隙存在以下几个特点：

（1）不同类型的裂隙深度不同，裂隙深度分布范围 0 ～ 63 毫米；部分看似裂隙其实是不同的材性（特别是富含白云母的部位）导致；

（2）同一条裂隙因位置不同，发育深度也不相同；

（3）部分表面视觉上为裂隙，其深度基本为 0 毫米；推断这些"裂隙"为石材自身节理，尚未发育为真正的"裂隙"。

图 4-7 超声波平测法
图片来源：历史建筑保护实验中心，摄于 2019 年 4 月

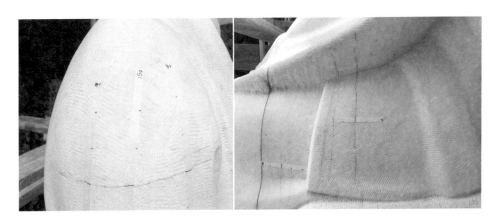

右侧肩膀横向裂隙（测试编号：15）　　　　　　左侧衣角竖向裂隙（测试编号：9）

图 4-8 超声波平测法测试点选择与标记
图片来源：周月娥，摄于 2019 年 4 月

第5章 保护材料——微纳米石灰

由于汉白玉、大理石等主要组分为白云石（$CaCO_3 \cdot MgCO_3$）、方解石（$CaCO_3$）等碳酸盐矿物，和由石英、长石等组成的砂岩、花岗石等有明显区别，而且大理岩是由变质再结晶形成的，孔隙率极其低，和砂岩等沉积岩存在差别，后者一般含较高的孔隙率，特别是毛细孔隙比例较高。大理石等保护材料和砂岩类包含材料有明显区别。国际上大理石的表面保护（含维稳使用的黏合剂）材料可以分成四类：

（1）磷酸氢二铵 [DAP 法，Diammonium phosphate，$(NH_4)_2HPO_4$]，在 $CaCl_2$ 或 $Ca(OH)_2$ 作用下形成磷酸氢钙（HAP，Hydroxyapatite，$CaHPO_4$）（如 A. Bordi 等，2020 年）。DAP 法需要 $CaCl_2$ 等固化，副产物形成氯化铵等盐分，需在固化过程就要清除掉。由于目前缺乏无损检测氯离子的技术手段，采用这种办法存在带入水溶盐的风险。

（2）改性的正硅酸乙酯（TEOS，Tetraethyl orthosilicate，$C_8H_2OO_4Si$），形成带有二氧化硅（Silisium dioxide，SiO_2）胶体。这类添加和碳酸盐兼容组分的正硅酸乙酯已经有成功的应用案例，但是这类材料在汉白玉的保护效果尚需进一步研究（请见第 6、10 章）

（3）丙烯酸树脂（Acrylic resin，$(C_3H_4O_2)_n$），一般采用透固法加固可移动的石质构件和文物。但是，丙烯酸树脂不适用于修复暴露在户外环境中的石质文物，尤其是阳光直射和有雨水的环境。丙烯酸树脂降解过程出现的较差的老化性能和耐用性会导致石质文物诸如开裂、脱落和颜色变化（变黄／褐变）等劣化。

（4）微纳米石灰：微纳米石灰，即纳米微米级直径的颗粒的氢氧化钙 [Calcium hydroxide，$Ca(OH)_2$]（J. Otero 和 A. Charola，2020）是近 20 年研究比较多的材料，由于微纳米石灰形成的固化产物为碳酸钙，可结晶成为方解石，化学上和方解石大理石接近，是目前研究较多、比较成熟的碳酸盐岩石固化剂修补材料。不管哪种生产工艺生产的纳米石灰（见本章 5.1 节），都可生产既为纳米级别的石灰，也可生产或者配制出微米级别的石灰，所以本书统一将这一类石灰称为微纳米石灰。

宋庆龄陵园内的宋庆龄汉白玉雕像经过前期的检测和评估，确认存在多种病害，各种裂缝和表面粉化有干预的必要，以进行黏结和加固。基于"牺牲性保护"理念，经过筛选，以高科技方法制备的微纳米石灰被选择作为宋庆龄雕像保护的主要材料。相比白云石，在 SO_2 污染环境下，微纳米石灰被转变为石膏，不形成危害程度更大的泻利盐。微纳米石灰牺牲层失效后可保留残余石灰而再涂。

5.1 什么是微纳米石灰

微纳米石灰是分散在醇类（主要是乙醇和异丙醇）中的纳米到微米颗粒大小的氢氧化钙。石灰的水溶液，例如石灰乳或石灰水，很早被用于钙质材料的固化处理。但是在加固处理的有效性上存在一些局限性：其渗透深度有限，黏合剂的有效含量不高，很难碳化完全（V. Daniele 等，2018）。微纳米石灰材料于 2000 年首次应用于壁画保护（R. Giorgi 等，2000）。2007 年到 2013 年，通过 STONECORE 项目（图5-1），微纳米石灰被越来越多地引入到保护领域中，并且目前仍在通过测试和研究应用到新的领域。

在文物和建筑保护领域，基于微纳米石灰的加固修复材料与建筑中使用的历史材料（主要由硅酸盐、碳酸盐或硫酸盐组成的无机材料）具有优异的兼容性。纳米石灰由于粒径小和高反应活性（快速碳化）而显示出良好的渗透性。本章总结有关该材料的基本信息，并简要介绍和概述了微纳米石灰材料在建筑遗产保护中的应用。如需更全面地理解纳米石灰及其在保护中的应用成果，建议阅读 Ziegenbalg 等人（2018）最近出版的著作《建筑和艺术品保护中的纳米材料》（Nanomaterials in Architecture and Art Conservation）。

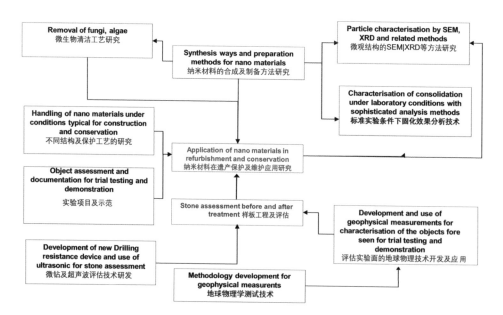

图 5-1 欧盟 STONECORE 项目框架
图片来源：戴仕炳根据 Gerald Ziegenbalg 的报告整理

有两种途径可以生产氢氧化钙微纳米颗粒。第一种称为"由大变小 top -down"的方法，即通过研磨破碎较大颗粒的方法获得微 - 纳米颗粒。通过研磨破解方法生产的微纳米石灰的粒径范围主要为 200 ～ 2000 纳米。第二种"由分子变纳米"bottom-up 的方法，即通过化学沉淀的方法获得微 - 纳米颗粒。石灰纳米颗粒通常通过化学沉淀法在氯化钙和氢氧化钠的过饱和溶液中生成（V. Daniele 等，2008）。或者通过金属钙与乙醇反应再水解（如 Patent ZIEGENBALG 2003 年，专利号 Patent- Nr. DE 103 27 514）获得纳米氢氧化钙，纳米氢氧化钙再经过控制性室外团聚形成微纳米石灰。化学沉淀法生产的纳米石灰的粒径在 50 ～ 250 纳米之间，是传统的石灰颗粒粒径的 1/100 左右（图 5-2）。

微纳米石灰可以不同浓度分散在不同的溶剂中。纳米石灰的主要供应商之一是德国 IBZ-Salzchemie GmBH & Co. KG，该公司获得了一系列纳米石灰产品的专利。该产品采用化学沉淀法生产微纳米石灰，于 2006 年以 CaLoSil® 的品牌投放市场。CaLoSil® 系列纳米石灰的粒径在 130 ～ 300 纳米，浓度为 25 ～ 50 克 / 升，而 CaLoSil 石灰浆体的浓度最高可以达到 120 克 / 升（图 5-3）。不同溶剂的微纳米石灰物理化学特性不同，特别是表面张力、黏度和干燥速度方面。在指定的储存条件下可以储存至少 6 个月不会沉淀（Ziegenbalg 等，2008）。纳米石灰在文献中也经常被称为纳米石灰溶胶。溶胶是固体颗粒的悬浮液。悬浮的氢氧化钙颗粒表面

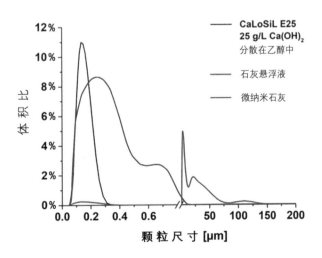

图 5-2 采用合成法生产的浓度为 2.5% 的纳米石灰的粒度、水乳常规氢氧化钙颗粒与研磨法生产的浓度为 1% 的微纳米石灰颗粒对比示意图
图片来源： IBZ-Salzchemie GmbH & Co. KG 及李磊

图 5-3 不同的浓缩纳米石灰溶液（从左到右：CaLoSiL® E50、E25、E12.5、E5）和纳米石灰颗粒的 SEM 显微照片
图片来源：IBZ-Salzchemie GmbH & Co. KG

带有正电荷，通过相互之间的静电斥力维持溶胶体系的稳定性（Ziegenbalg 等，2016）。

5.2 微纳米石灰的特点

5.2.1 微纳米石灰的固化机理

微纳米石灰的固化机理和气硬性钙质石灰相同，尽管可以简化为"微纳米石灰于空气中二氧化碳反应形成碳酸钙"，但是其反应过程及产物还是比较复杂的。

参照 G. Ziegenbalg 等（2018）研究成果：在水存在的情况下，微纳米石灰分解成钙离子和氢氧根离子：

$Ca(OH)_2 + H_2O = Ca^{2+} + 2OH^- // H_2O$ （强碱性，pH > 12）

（20℃每升水可以溶解约 1.7 克 $Ca(OH)_2$；温度越高，溶解度越低）

空气中的二氧化碳在碱性的孔隙水溶解：

$$CO_2 + OH^- + H_2O \rightarrow HCO_3^- + OH^- + H_2O \rightarrow H_2O + CO_3^{2-}$$

然后钙离子和碳酸根反应形成碳酸钙：

$$Ca^{2+} + CO_3^{2-} = CaCO_3$$

初步研究发现，纳米、微纳米石灰碳化后形成的碳酸钙是非晶质的，即类似玻璃的无序状态，然后在不同环境条件下会转变为球霰石、文石或方解石（图 5-4）。

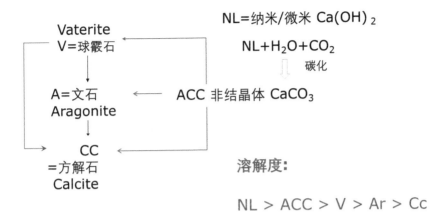

图 5-4 微纳米石灰固化后产物 $CaCO_3$ 结晶与相变
图片来源：戴仕炳参照 Gerald Ziegenbalg 报告改编

无序状态的非晶质的碳酸钙是不稳定的，而方解石，特别是结晶完好的方解石是最稳定的。

　　了解这一个从氢氧化钙到碳酸钙化学 - 矿物学变化过程对设计采用微纳米石灰固化、修复文物的精准工艺流程极为重要（见后述）。

5.2.2　工艺特征

　　微纳米石灰颗粒是结晶六方片晶，呈现出典型的氢氧钙石矿物（portlandite）X 线绕射图谱（Ziegenbalg 等，2016）。醇剂石灰分散体加固剂具有以下优点：

　　（1）与原建筑材料兼容性好，渗透性好，无水所以不会激发原有材料内部的水溶盐（A. Daehne 和 C. Herm，2013）。另外，它由纯的微纳米级别的氢氧化钙组成，具有高活性和快速反应性能（即快速与空气中二氧化碳反应生成碳酸钙）。

　　（2）加固剂和原建筑材料的兼容性：历史建筑石材、壁画表面保护所使用的材料必须和原材料兼容。过去普遍使用丙烯酸树脂，环氧树脂或乙烯基树脂进行修复处理，但经验表明它们的兼容性低且耐久性差。这些保护措施中的许多措施对历史遗迹造成的破坏甚至超过了自然风化的破坏。对抹灰或石材表面的加固不应显著改变其物理性质，例如孔隙率和稳定性。材料不兼容可能会导致更多的后续损坏，降低可逆性。

　　（3）高渗透性：得益于石灰颗粒直径小，纳米石灰可以非常深地渗入到材料的表层。与采用传统的石灰水溶液处理方法相比，使用石灰醇溶液处理可以使足够多的石灰进入基层从而避免大量水进入修复部位。

（4）可以减少更多的水进入到历史建筑修复部位：尽管石灰水中的石灰分子比纳米石灰颗粒更小，但在 20℃下，每升水只能溶解约 1.7 克氢氧化钙。因此，要达到足量的氢氧化钙成分渗入材料需要采用大量过饱和石灰水处理，至少处理 150～200 次，其加固效果才能被检测到。而纳米石灰分散体可以承载更多的石灰有效成分，因为它们是石灰的悬浮液而不是溶液（P.D'Armada 和 E. Hirst，2012）。在注浆施工中，含水的注浆液通常带有各种副作用，而纳米石灰分散体不含水，可以避免这些问题。对于历史建筑物，特别是对水敏感的土质结构，尤其是在含有大量水溶盐的情况下进行注浆和加固处理，如果引入大量水会导致很多问题。纳米石灰采用醇作为载体，不会激活水溶盐，也不会导致水溶盐的迁移。

（5）高活性：固体的比表面积（单位质量物料所具有的总面积）越大，与反应环境接触的面积越大，反应速度越快。同等质量的固体，颗粒粒度越小，比表面积越大。纳米石灰颗粒粒径小，因此具有很大的比表面积，导致其具有很高的反应活性，其碳化速率更快。

5.3　应用领域及注意事项

截止到本书完成时，微纳米石灰已经在壁画、灰塑、抹灰以及石灰石、大理石、汉白玉和砂岩加固领域应用了接近 20 年，目前看来效果良好（J. Otereo 等，2017，2020; A.Daehne 等，2013, G. Ziegenbalg 等，2017）。但是，研究表明，在实际应用时需要根据基材的孔隙结构和待修复的裂缝的特点来调整采用不同的微纳米石灰产品（溶剂种类、石灰浓度和粒径）和不同的处理工艺。调整的措施包括选择合适的溶剂（如上文所述，不同的溶剂会导致不同的物理化学特性），进一步稀释既有产品达到合适的浓度（原则上浓度越低渗透性越好），对基材进行预处理或处理后的养护（特别是保湿）等。

5.3.1　加固（或称作固化）

微纳米石灰（氢氧化钙溶胶，例如 CaLoSil®）对历史建筑物中石材和石灰质材料的加固效果明显（Ziegenbalg 等，2010; Adolfs 2007）。这主要得益于它具有的高渗透性和快速碳化特性。微小颗粒可以渗入已劣化的材料结构深处。氢氧化钙溶胶可以通过毛细吸收渗透、喷涂、刷涂、无压注射／加压注射或真空负压注射的方式进行施工。等醇剂挥发后，受损的结构内会形成氢氧化钙加固层。随着时间的流逝，在存在水分的情况下，它们会和空气中的二氧化碳反应转化成碳酸钙（图5-5）。从反应方程式看，氢氧化钙转化成碳酸钙的反应不需要水作为反应物，但这个转化过程需要水的参与才能进行。所需的水可以来自空气，或被加固材料本身，或通过喷雾，或在使用前提前加入到纳米石灰中。但是，当将水添加到纳米石灰中以增加活性时，石灰颗粒会快速增大成为微米级别，可能会降低氢氧化钙的渗透性。

使用纳米石灰分散体进行保护干预，必须考虑环境条件。如果醇剂挥发得太快，氢氧化钙纳米粒子可能会回迁到表面（A. Daehne 和 C. Herm, 2013; G. Borsoi 等，2015）。建议在低温环境（5 ～ 25℃）和挥发速率缓慢的环境条件下进行干预。处理后的表面应避免淋雨和阳光直射 24 小时以上。待处理的表面不能受潮，雨后需等干燥后或用醇剂预处理后再用纳米石灰分散体处理。

待处理表面的吸附特性会影响纳米石灰分散体的渗透。表面结壳、浮灰、生物生长等都会降低渗透性。对致密表层下的松散区域进行干预处理前应先通过微钻打穿致密表层。干预应从低浓度开始进行，避免堵塞最先接触的孔隙。必须避免使用过量的加固材料，表面多余的纳米石灰要立即擦去，否则表面可能会形成白色污染物。可以用少量水或水／乙醇混合物进行清洁减少白色污染物。

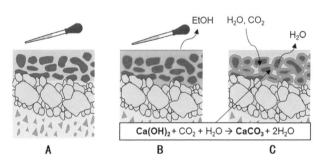

SEM: E. Mascha

图 5-5　纳米石灰的作用方式
(a) 石材、灰泥或砂浆的松散或粉状表面，(b) 纳米石灰的应用，(c) 醇蒸发后，氢氧化钙附着在颗粒上，因此它们通过与二氧化碳反应生成碳酸钙而连接加固，(d) 用纳米石灰处理的多孔石灰砂浆的 SEM 显微照片
图片来源：E. Mascha.（经 Ziegenbalg 和 Dietze，2008 年，许可转载）

关于一般的石质文物加固（使用各种加固制品），所达到的效果取决于处理方法，比如产品浓度、溶剂类型、应用过程和接触时间等的参数（Ferreira Pinto 等，2012）。此外，孔隙率等基体特性也起着重要作用。纳米石灰在高度多孔基材料，例如在石灰石或石灰砂浆的情况下的加固机制，仍然需要充分了解（J. Otero 等，2021）。纳米石灰显示对表面加固非常有效。当需要进行深度加固时，例如在严重风化多孔基材的情况下，不同基材之间的结果差异很大。深度加固受多种因素的影响，例如孔隙率、纳米石灰浓度、溶剂性质、相对湿度、二氧化碳暴露、添加剂、储存和应用方法（J. Oter 等， 2017）。对使用不同应用方法和不同浓度应用纳米石灰性能的研究得出结论，与高浓度应用相比，低浓度应用更可取。低浓度因为导致颗粒在基体内的分布更均匀。然而，还观察到，无论使用何种应用方法，低浓度纳米石灰的单次应用处理都不会显著提供明显的加固效果。为了成功加固干预，纳米石灰加固必须由多个应用程序组成（J. Otero 等，2021; Z. Slizkova 和 Z. Frankeova，2012）。

5.3.2 纳米石灰与正硅酸乙酯组合

实验室及工程实践证明，微纳米石灰与硅酸乙酯，例如 TEOS（四乙氧基硅烷）结合使用可有效加固砂岩。应用正硅酸乙酯混合的纳米石灰或者在纳米石灰之后随后应用硅酸乙酯克服了单纯采用硅酸乙酯加固的缺点（M.Dobrzynska-Musiela 等，2020）。需要指出的是，在使用硅酸乙酯后再使用纳米石灰并没有积极的影响。与纳米石灰颗粒相关的高 pH 值促进了烷氧基硅烷的碱性水解，通过形成硅胶导致更有效的固结。此外，在石灰石或石灰砂浆等石灰质基体料的情况下，纳米石灰似乎有利于二氧化硅层和基体之间的结合（G. Ziegenbalg 等，2012）。

5.3.3 灌浆和裂缝修补

具有较大粒度氢氧化钙颗粒的微纳米石灰适合灌浆和裂缝填充。例如德国微米级产品 CaLoSil®-Micro（粒度为 1000 ～ 3000 纳米，浓度为 120 克 / 升）可与更细的分散体混合一起用于石灰石中的裂缝填充。通过与羟丙基纤维素溶液混合可以达到最佳的加固效果。反应过程必需有水参与，但水的量可减少至 2.5%（A. Dahne 和 C. Herm, 2013）。微纳米石灰已经成功用于石灰砂浆和石材表面的裂缝注浆。微纳米石灰浆的浓度可以提高至120～500克/升,或者额外添加碳酸钙填料。足够浓度的石灰浆可以用于建筑表层的修复和填充。在宋庆龄汉白玉雕像开裂及缺损部位修复时,也采用微纳米石灰进行注浆黏结(见第6章),微纳米石灰添加经过筛分的旧汉白玉粉用于宋庆龄雕像的修复(见第8章)。

5.3.4 土质结构加固

迄今为止,尽管有许多关于纳米石灰应用于石灰质材料保护的研究和试验例子,但很少有出版物关注与土结构有关的应用(戴仕炳等, 2014;G. Schwantes 和 Sh. Dai, 2017;D. Lohnas,2012)。对于对水敏感的土结构,无水醇基加固材料尤其有利。初步研究表明使用纳米石灰对土结构进行加固和灌浆是有效的,且有广泛应用前景。

采用微纳米石灰对土质基面上的层状剥落处进行加固,试验结果表明其渗透性和附着力都取得了很好的效果。通过实验室模拟和现场研究对微纳米石灰和当地过筛后黏土的混合浆体进行了性能评估。所有的浆体都表现出良好的流动性,结合土质基质具有的高吸收性,浆体可以进入到细小的裂隙和空隙中。即使浆体固化后会产生收缩,但仍可以保持对基材足够的黏结力。增加微纳米石灰添加量可以增加固化的浆体的强度。浆体和土结构表层1～2毫米厚度具有抗水性能。这些研究结果表明添加石灰的数量必须根据基材的状况和土壤的性质进行单独调整。研究证明,空气中的水分和存在于被处理的材料内的水分足以支持碳化反应的进行。对于土质基面抹灰的黏结加固,石灰含量较低的配方具有更好的效果。一些石灰注浆材料在测试中表现出很高的强度,有潜力进一步开发用于不同的保护领域,例如土遗址的裂缝填充。建议对浆体在干旱气候下的适用性进行进一步研究测试。

5.3.5 应用于清洁

生物在饰面或石材表面生长不仅影响美观,还会导致其表面长期处于潮湿状态,加速材料劣化。因此,去除表层生物,抑制生物生长对于保存表层、延缓风化有重要意义。对基材表面采用氢氧化钙纳米溶胶干预被证明可以抑制真菌和藻类的生长,并且随着纳米石灰与空气二氧化碳缓慢反应生成碳酸钙,这项干预将生物防治和材料加固结合在了一起。氢氧化钙纳米溶胶以两种方式阻止真菌和藻类在基材表面生长。乙醇具有脱水功能，会破坏藻类和真菌的细胞，杀灭微生物。同时，石灰会营造高碱性环境，抑制新的生物生长（Ziegenbalg 等，2016）。在上海进行的采用乙醇和微纳米石灰杀灭藻类等实验研究见第七章。

5.4 微纳米石灰展望

　　总而言之，过去几十年的保护干预表明，与原始材料的物理、化学兼容性对干预的成功和可持续至关重要。保护者从使用"现代"产品，例如合成树脂（在没有考虑长期性能的情况下就进行了大量使用）转为更倾向于使用传统材料。采用"尽可能使用接近原始材料"的修复材料的干预方式越来越受到青睐。但是，有时传统的工艺不适合修复被侵蚀风化的基材。纳米石灰产品是将新的纳米技术和传统建筑材料相结合的现代保护材料范例。醇剂挥发后，只有石灰保留在基材中。微米级和纳米级的石灰具有良好的渗透性，快速碳化性以及与历史建筑基材的高度兼容性。目前已经在很多案例应用中作为加固和修复材料使用，得到了很好的效果，新的改进和用途仍在持续研究开发中。过去几年纳米石灰在文物保护干预的更广泛应用也表明了应用方法对保护干预取得成功十分重要为了不造成后续损害。纳米石灰是一种很有前途的加固制品，具有许多优点，但应用方法和基体特性对干预的效率起着重要作用。这对于石质文物的深度渗透加固尤为明显。

　　未来一项重要的研究是纳米石灰碳化后需要经过多长时间、在什么环境下能转变为更稳定的方解石（图 5-4）。由于中国的气候环境不同，不同施工季节的温湿度环境条件不同，需要在积累工程实践经验基础上查明微纳米石灰固化效果的耐久性。

　　另外一项重要的研究是如何使微纳米石灰能渗透更深。初步研究发现采用真空可以增加微纳米石灰的渗透，明显增加开裂汉白玉的完整性和超声波速度（图 5-6，图 5-7）。这些研究需要从实验室扩展到规模性的雕塑（见第 10 章）。

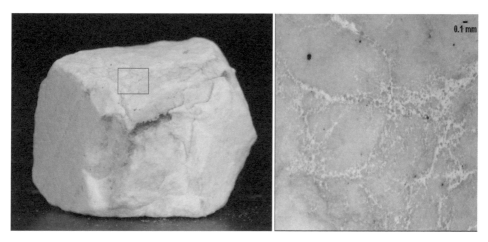

图 5-6　在真空条件下纳米石灰（材料品牌 Calosil E 50 ）可以渗透到微细裂纹中
汉白玉的超声波从处理前 460 米 / 秒 增加到 2100 米 / 秒
图片来源：Ziegenbalg，摄于 2022 年 2 月

图 5-7　在真空条件下纳米石灰（材料品牌 Calosil® E 50 ）虽然没有完全充填去观 - 中观裂纹，但是处理后汉白玉超声波
从处理前的 154 米 / 秒 增加到 2500 米 / 秒
图片来源：Ziegenbalg，摄于 2022 年 2 月

第6章 汉白玉保护修复技术实验研究

基于对宋庆龄汉白玉病状的勘察，机理的分析，需要采取治理措施降低汉白玉表面的水溶性盐分，开裂的部位采用于汉白玉兼容但是能够有效粘结的粘合剂注浆粘结，对表面粉化的汉白玉进行固化，同时需要对受鸟粪污染的汉白玉进行有效的清洁并提供维护方法，此外需要对侵害汉白玉的微生物进行杀灭，并可能提出长效抑制措施。

为满足上述治疗方案，进行了室内实验。室内实验分成两个阶段，第一阶段是2019 年完成的。第二阶段在已经风化的汉白玉上进行的，时间为 2022 年 1—3 月。杀灭及抑制微生物的实验见第 7 章。

本章及第 7 章实验采用的材料的主要成分及性能见附录 2。

6.1 排盐

研究发现，宋庆龄雕像存在镁质水溶盐，必须在保养维修时降低镁盐含量。为此，在 2019 年春天，采用了故宫的风化严重的汉白玉进行实验（图 6-1）。实验结果显示，采用由纸浆配制出的膏状物，经过 7 天左右，待其完全风干后剥离，称重，配置与新鲜纸固含量相同的悬浮液，多次搅拌，静置 24 小时，测试其上层清液的电导率。

电导率反映着溶液中导电粒子的浓度，导电粒子的浓度越大，电导率也就越高。实验测得：去离子水 0.94 微西 / 厘米；新鲜纸浆 326 微西 / 厘米（图 6-1 左）；排盐处理后纸浆 1500 微西 / 厘米（图 6-1 右）。结果说明，纸浆吸附了汉白玉石材的盐，使干燥后纸浆在稀释时水溶液中可溶盐离子含量增加。

图 6-1 在石灰石石柱础（上，清代）、汉白玉（下，故宫碎汉白玉，明代）表面采用敷贴法去除盐分实验
图片来源：戴仕炳、学生 - 于昊川，摄于 2019 年 5 月

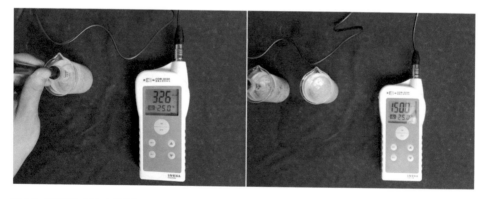

图 6-2 新鲜纸浆（左）与排盐处理后纸浆（右）的电导率
图片来源：周月娥，摄于 2019 年 5 月

6.2 裂隙加固

6.2.1 实验对象

选择购自北京房山的新鲜汉白玉样品（表 2-2，总孔隙率约 3%）进行实验室裂隙加固实验研究，主要考察抗折强度、拉拔强度、超声波等。样品尺寸：长 160 毫米 × 宽 40 毫米 × 厚 40 毫米。

图 6-3　房山新鲜汉白玉，加工成 40 毫米 ×40 毫米 ×160 毫米 的标准试块
图片来源：何政，摄于 2019 年 4 月

6.2.2 实验材料及工具

实验材料：无水乙醇，分析纯；微纳米石灰 NML-300（性能见附录 2）。

实验工具：250 毫升输液壶、医用注射器、定制夹具、毛刷、竹签等。

检测工具：万能试验机，殷驰仪器（上海）有限公司（图 6-4）；Pundit Lab⁺ 混凝土超声波检测仪，瑞士 Proceq（图 6-5）；DY-206/DY-225 自动拉拔测试仪，瑞士 Proceq（图 6-6）。

图 6-4　万能试验机
图片来源：何政，摄于 2019 年 4 月

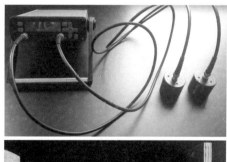

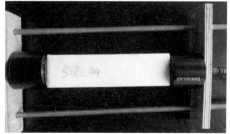

图 6-5　Pundit Lab⁺ 混凝土超声波检测仪及开发的固定支架
图片来源：何政，摄于 2019 年 4 月

图 6-6　自动拉拔测试仪（瑞士 proceq DY-206/225）
图片来源：何政，摄于 2019 年 4 月

6.2.3　实验过程

（1）用万能试验机对房山汉白玉 40 毫米 ×40 毫米 ×160 毫米试块进行破坏性抗折试验（图 6-7、图 6-8），获得房山汉白玉的抗折数据。

（2）将折断的汉白玉试块按断口用定制的夹具加紧固定（图 6-9），模拟微小裂隙。

（3）断口处先用无水乙醇适当润湿，在输液壶内加入微纳米石灰 NML-300，用输液壶对汉白玉断口裂隙进行注浆（图 6-9），注浆分多次进行，直至裂隙不再吸收微纳米石灰 NML-300，停止注浆。注浆过程中用医用注射器对局部进行补注（图 6-10），直至裂隙被填满覆盖（图 6-11）。

（4）用竹签清理干净汉白玉试块表面多余的微纳米石灰 NML-300。

（5）自然室内环境养护 14 天后拆除夹具。

（6）用 Pundit Lab⁺ 混凝土超声波检测仪对汉白玉试块进行检测。

（7）用 DY-206 自动拉拔测试仪对汉白玉试块进行检测（表 6-3）。

图 6-7 抗折实验前后对比
图片来源：何政，摄于 2019 年 4 月

图 6-8 经过抗折测试后得试块夹具固定
图片来源：何政，摄于 2019 年 4 月

图 6-9 输液瓶注射微纳米石灰
图片来源：何政，摄于 2019 年 4 月

图 6-10 医用注射器补充注射微纳米石灰
图片来源：何政，摄于 2019 年 4 月

图 6-11 注浆前注浆后对比
图片来源：何政，摄于 2019 年 4 月

6.2.4 实验结果

（1）抗折强度（表 6-1）

表 6-1　汉白玉试块抗折强度测试结果

序号	编号	干燥抗折强度（兆帕）
1	SQL01	11.74
2	SQL02	11.96
3	SQL03	9.51
4	SQL04	6.52
5	SQL05	6.11
6	SQL08	9.3
平均值		9.19

（2）超声波（表 6-2）

表 6-2　汉白玉试块超声波测试结果（4—9 为加固后养护 14 天的试块）

序号	编号	波速（米／秒）	吸收率	百分比	说明
1	空白 1	4517	100%	-	
2	空白 2	4848	100%	-	
3	空白 3	4324	100%	-	
平均		4563	100%	-	
4	SQL01	4384	100%	96%	
5	SQL02	4507	100%	98%	
6	SQL03	4267	100%	93%	
7	SQL04	3721	100%	81%	可能和较低填充率有关
8	SQL05	4211	100%	92%	
9	SQL08	4267	100%	93%	
平均		4226	100%	-	

（3）拉拔强度检测（表 6-3）

拉拔强度检测目的是评估注浆材料对裂隙的粘结强度。

表 6-3　汉白玉试块拉拔强度测试结果

序号	编号	拉拔强度（兆帕）
1	SQL01	0.08
2	SQL02	0.33
3	SQL03	0.135
4	SQL04	0.14
5	SQL05	0.08
6	SQL08	0.21
平均值		0.1625

（4）实验结果分析

本实验目的是评估微纳米石灰 NML-300 对房山汉白玉微裂隙的注浆加固效果。采用 Pundit Lab $^+$ 混凝土超声波检测仪和 DY-206 自动拉拔测试仪对试块进行检测，评估注浆加固效果（图 6-12）。

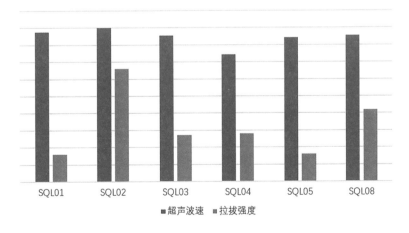

图 6-12　破裂后汉白玉试块采用微纳米石灰注射黏结 14 天后超声波波速与拉拔强度关系
图片来源：何政

从超声波结果看，完好的试块波速平均在 4 563 米 / 秒，断裂后重新注浆加固后波速平均在 4 226 米 / 秒。理论上分析，试块断裂前，声波传导在汉白玉石材内部进行，速度快。试块断裂后，虽然在夹具加紧后断裂处缝隙距离很小，但仍有一道空气介质存在，声波传导过程中经过石材 - 空气 - 石材，总的波速减慢（见本书 4.2 节）。试块加固后，裂隙内的空气被微纳米石灰填充，声波在微纳米石灰材料中传导比空气中更快，总的波速增加。但汉白玉主要成分为白云石，与微纳米石灰氢氧化钙及其固化产物碳酸钙介质存在差异，注浆过程中也无法做到 100% 填充裂隙，所以总的波速低于完好汉白玉的波速。

从拉拔强度结果分析，自然养护 14 天后，拉拔强度在 0.08 兆帕到 0.33 兆帕。由于宋庆龄汉白玉开裂需要采用化学兼容的材料充填、黏结，最低的 0.08 兆帕拉拔强度也能满足要求。

最高强度是最低强度的 4 倍多。造成拉拔强度波动大的原因主要有两个：

一是裂隙的宽度。首先，裂隙宽度影响微纳米石灰的渗透距离，裂隙越小渗透距离越短。但是一般来说裂隙越小，裂隙深度越浅，裂隙承载的应力也越小，对注浆料加固材料的力学性能要求也减小。其次，裂隙宽度不够，加固用的微纳米石灰颗粒进入裂隙后无法联结成一体，这大大影响了加固强度。

二是注浆材料的渗透率。相同的裂隙宽度，注浆材料渗透率（或者饱和度）越高加固效果越好。渗透率越高，基材和注浆料的结合面越大，加固效果越好。

从渗透及碳化程度图（图 6-13）中可以看出，SQL01 和 SQL03 断面，微纳米石灰颗粒已经渗透了整个截面，SQL04、SQL05、SQL08 渗透率不足 50%，SQL02 渗透率在 80% 左右。对比拉拔强度可以看出 SQL02、SQL08 号强度最高，SQL01 虽然渗透率达到了 100% 但强度最低，原因待查。

从图 6-13 上也可以看出，经过 14 天的自然养护，微纳米石灰的碳化程度不足 1 毫米，大部分未碳化。石灰的固化分 2 个阶段，第一阶段 $Ca(OH)_2$ 结晶析出产生初始强度，这个过程对黏结性贡献很小，第二阶段 $Ca(OH)_2$ 与空气中的水和 CO_2 反应生产更加致密、强度更高的 $CaCO_3$。所以目前测得的拉拔强度还远远低于其最终强度。

对超声波和拉拔强度检测结果进行综合分析，微纳米石灰对一定宽度范围内的微裂隙具有良好的渗透能力，微纳米石灰颗粒可以渗透进微小的裂隙中起到填充黏结加固的作用，加固效果受微裂隙的宽度和饱和度等影响较大。微纳米石灰的固化周期较长，会在注浆加固后的很长时间内持续增长。为弥补填充率不足，在实际施工中将注射的材料的浓度梯度依次改为：无水乙醇 → NML-010 → NML-100 → NML-300，间隔时间是第一次注射的载体乙醇几乎挥发掉。

图 6-13　微纳米石灰 NML-300 渗透饱满及碳化程度
图片来源：何政，摄于 2019 年 4 月

99

6.3 鸟粪清除及出新研究

宋庆龄汉白玉雕像因暴露在开放环境中,无法避免禽类的粪便造成的破坏(参见图 2-16,图 2-17),因此,受宋庆龄陵园管理处委托,针对宋庆龄陵园现场收集的鸟粪进行实验,由于实验时间有限,2019 年的研究主要包括其鸟粪的 pH 值、不同处理方式前后鸟粪的浸润效果以及去除方法等。

6.3.1 研究目的

宋庆龄陵园周边鸟类粪便对宋庆龄雕像的污染程度、保护方式、去除方法及出新方法。

6.3.2 实验材料及工具

实验材料: 现场鸟粪样本(图 6-14),超纯水。

工具:笔式酸度计(图 6-15)、烧杯等。

图 6-15 pH 值测试
图片来源:何政,摄于 2019 年 4 月
 (左图:超纯水 7.10;右图:鸟粪稀释液 6.69)

图 6-14 实验现场收集的鸟粪及加热分解在纯净水中
图片来源:周月娥,摄于 2019 年 4 月

6.3.3 实验过程

1.pH 值测试

将现场收集的鸟粪样品用超纯水进行稀释（固含量为 1.5%），搅拌后静置 24 小时，用笔式酸度计测其水溶液的 pH 值。测试结果显示，超纯水 pH 值为 7.10；鸟粪稀释 100 倍后 pH 值为 6.69，弱酸性（图 6-19）。可以推测，由于新鲜的鸟粪水分较少呈胶体状，其酸度约 4~5，呈酸性。

2.浸润效果及去除实验

先将稀释后的鸟粪加热浓缩，固含量达到 7.5%，模拟鸟粪，在温度为 35℃时滴涂在汉白玉试块表面（图 6-16），持续时长 15 小时（17：00—次日 08：00）。

后采用湿毛巾擦拭，待表面风干后采用微痕鉴别仪观察鸟粪浸润程度（图 6-17）。

然后再次滴涂并保持 15 小时后（图 6-18），再以无水乙醇（图 6-19）、去离子水清洁（图 6-20），过程中均采用吸尘器及时吸掉液体。

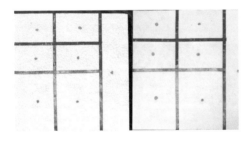

图 6-16 滴涂
图片来源：周月娥，摄于 2019 年 4 月

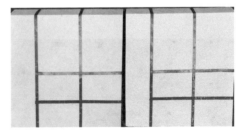

图 6-17 擦拭后
图片来源：周月娥，摄于 2019 年 4 月

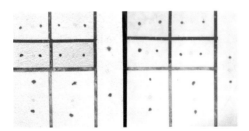

图 6-18 第二次滴涂
图片来源：周月娥，摄于 2019 年 4 月

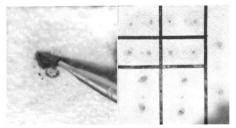

图 6-19 乙醇清洗及效果
图片来源：周月娥，摄于 2019 年 4 月

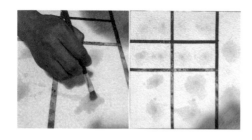

图 6-20　去离子水清洗及效果
图片来源：周月娥，摄于 2019 年 4 月

对比不同的处理后的残余及浸润面积，显示：采用微纳米石灰＋正硅酸乙酯固化处理后的汉白玉表面被污染的范围较原材的污染面积小。单纯采用微纳米石灰固化处理后被浸润污染的程度增加。

采用去离子水清洁效果比采用乙醇清洁效果好，但是均有残留，还是存在浸润痕迹。

残余的鸟粪痕迹采取凝胶去除实验，处理效果亦无法达到满意。

3. 被鸟粪污染汉白玉修复出新实验
实验室采用二次处理的方式来修复出新被鸟粪污染的石材，具体步骤如下：
步骤（1）表面采用乙醇浸润；
步骤（2）涂刷微纳米石灰 NML-100（图 6-21）；
步骤（3）表面固化 2 小时后，刷涂 NML-300（图 6-22）；
步骤（4）表面固化 24 小时后，刷涂正硅酸乙酯（图 6-23）；
步骤（5）表面固化 24 小时（图 6-24）。

图 6-21　涂刷微纳米石灰 NML-100
图片来源：周月娥，摄于 2019 年 4 月

图 6-22　表面固化 2 小时后，刷涂 NML-300
图片来源：周月娥，摄于 2019 年 4 月

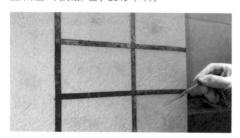

图 6-23　表面固化 24 小时后，滴涂正硅酸乙酯
图片来源：周月娥，摄于 2019 年 4 月

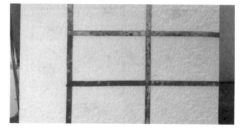

图 6-24　表面固化 24 小时
图片来源：周月娥，摄于 2019 年 4 月

6.3.4　实验结果

从实验结果看，现场干燥鸟粪的样品稀释 100 倍后的稀释液 pH 值为 6.69，呈弱酸性，推算新鲜鸟粪的酸性值为 4~5。宋庆龄雕像汉白玉矿物成分主要是白云石，化学上对中性和碱性的污染物具有较强的抵御能力，而对酸性介质敏感。所以干鸟粪对汉白玉表面的化学腐蚀有限，但新鲜的湿鸟粪对汉白玉表面具有一定的化学腐蚀。

由于汉白玉石材本身的特点，色泽上通体为白色石材，质地上汉白玉主要由小的晶体颗粒构成，表面晶粒之间存在细小的接缝，鸟粪容易附着在表面，长期附着，污染物会随晶粒间的接缝渗透到汉白玉内部，难以去除。所以为了更好地保护汉白玉雕像，建议对汉白玉表面进行保护处理。

动物粪便的残留物附着在石质文物表面并留下难以清除的痕迹，严重影响石质文物的观赏价值，生物化学风化作用可能会引起石质文物的严重风化进而破坏石质文物的完整性，生物风化应当引起文物保护者的高度重视。

根据滴涂鸟粪前后微痕观测照片对比发现：光面鸟粪集中在边缘，糙面集中在坑洼位置，糙面比光面更难清除鸟粪；实际处理后的表层，污染痕迹轻、面积小；实际处理过程中采用去离子水清洁，同时配合吸尘器的使用，减少水在石材表面停留的时间。

6.4　表面保护实验（2019 年）

6.4.1　实验对象

由于宋庆龄陵园内的宋庆龄汉白玉雕像属于国家重点文物保护单位，在 2019 年 1-6 月的实验中选择购自北京房山的新鲜汉白玉样品（材料同 6.2 实验采用的汉白玉）进行实验室表面保护实验研究，规格长 400 毫米 × 宽 400 毫米 × 厚 40 毫米。表面两种处理方式：光面（代号 A）和糙面（代号 B）。

6.4.2　实验材料及工具

实验材料（性能见附录 2）：增强剂 OH300（硅酸乙酯砖石增强剂）、微纳米石灰 NML-010、微纳米石灰 NML-300、无水乙醇（分析纯无水乙醇）。

实验工具：喷壶、一次性无菌手套、毛刷、防水胶带。

检测工具：粉化度测试仪器、微观痕迹鉴定仪。

6.4.3 实验过程

（1）用防水胶带将 A、B 两块新鲜房山汉白玉 400 毫米 ×400 毫米 ×40 毫米试块进行分区编号，并对分区采用不同的表面处理方式（图 6-25、表 6-4、表 6-5）。

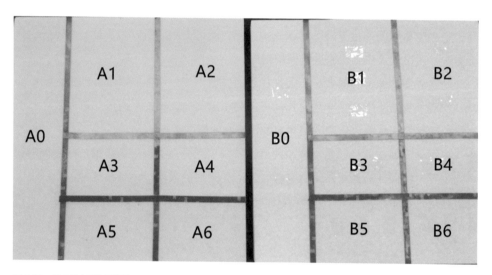

图 6-25 房山汉白玉分区编号

图片来源：周月娥，摄于 2019 年 4 月

表 6-4 汉白玉试块分区及处理方式（A）

A0 空白对比	A1 表面喷淋无水乙醇润湿→喷淋一遍微纳米石灰 NML-010 →喷淋一遍微纳米石灰 NML-300 与无水乙醇 1:1 稀释液	A2 同 A1
	A3 按 A1 处理后，在试块表面未干前喷淋一遍 KSE 增强剂 OH300 与无水乙醇 1:1 稀释液	A4 同 A3
	A5 按 A1 处理后，室内空气养护 7 天后喷淋一遍 KSE 增强剂 OH300 与无水乙醇 1:1 稀释液	A6 同 A5

表 6-5　汉白玉试块分区及处理方式（B）

B0 空白对比	B1 表面喷淋无水乙醇润湿→喷淋一遍微纳米石灰 NML-010 →喷淋一遍微纳米石灰 NML-300 与无水乙醇 1：1 稀释液	B2 同 B1
	B3 按 B1 处理后，在试块表面未干前喷淋一遍 KSE 增强剂 OH300 与无水乙醇 1：1 稀释液	B4 同 B3
	B5 按 B1 处理后，室内空气养护 7 天后喷淋一遍 KSE 增强剂 OH300 与无水乙醇 1：1 稀释液	B6 同 B5

6.4.4　保护实验结果

（1）粉化度测试

粉化度测试方法见附录 1，测试过程见图 6-26、图 6-27。

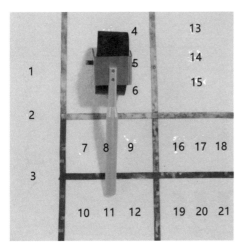

图 6-27　粉化度测试：A 板平面（左）、B 板糙面（右）
图片来源：周月娥，摄于 2019 年 4 月

图 6-26　粉化度测试点分布图
图片来源：周月娥，摄于 2019 年 4 月

根据粉化度测试结果（表 6-6、图 6-28）可以看出：

同是未处理的汉白玉石材，糙面的粉化度比光面的大，B0 > A0；

表面采用微纳米石灰 NML-010 和微纳米石灰 NML-300 处理后面层粉化度大于未处理表面，A1 > A0，B1 > B0；

表面采用增强剂 OH300 处理后面层粉化度小于未使用增强剂表面，A3 < A1，A4 < A2，B3 < B1，B4 < B2；

表面风干 7 天后采用增强剂 OH300 处理后面层粉化度小于未风干表面，A5 < A3，A6 < A4，B5 < B3，B6 < B5。

采用微观痕迹鉴定仪（×100 倍，卡兰德）来拍摄记录各分区状况，比较不同处理方式后汉白玉石材的表面。可以看出，采用微纳米石灰处理的表面有明显的石灰覆盖（图 6-29、图 6-30）。

表 6-6　新鲜汉白玉表面处理后粉化度测试结果（毫克／平方厘米）

	A1 0.46	A2 0.26		B1 0.88	B2 0.36
A0 0.33	A3 0.06	A4 0.05	B0 0.42	B3 0.02	B4 0.05
	A5 0.02	A6 0.05		B5 0.02	B6 0.04

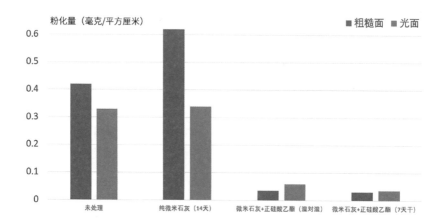

图 6-28　不同表面固化方法的新鲜汉白玉表面粉化测试结果
图片来源：周月娥

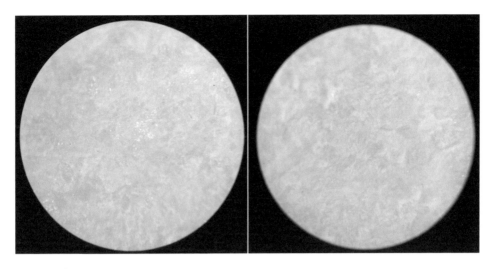

图 6-29　A 表面
图片来源：何政，摄于 2019 年 4 月（左：未处理；右：采用微纳米石灰和正硅酸乙酯处理的表面）

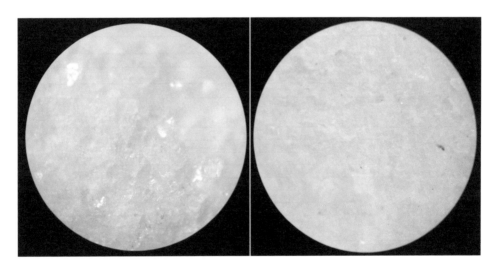

图 6-30　B 表面
图片来源：何政，摄于 2019 年 4 月（左：未处理；右：采用微纳米石灰和正硅酸乙酯处理的表面）

6.5 已经风化的汉白玉固化实验——第二阶段实验（2022年1—3月）

鉴于2019年实验采用的是新鲜汉白玉样品，而宋庆龄雕像已经发生明显的风化（尽管没有达到严重级别），故在2021年年底采集了北京房山的汉白玉加工厂附近丢弃的肉眼发现明显风化的旧汉白玉，加工成大约为长40毫米×宽40毫米×厚40毫米 的立方体，于2022年1—3月进行了不同材料、不同养护条件的固化实验（图6-31、图6-32）。尽管在本书交稿时受Omicron疫情影响实验工作尚在进行中，但是已经有了非常有意义的实验结果。

初步实验结果如下：

（1）汉白玉具有明显的各向异性，不同方向的汉白玉超声波速度可以有10%～15%的差别。这和汉白玉是沉积岩石经过变质作用形成的有关。今后对汉白玉的现状评估、保护措施的效果分析等必须考虑到这种各向异性，只有同一轴向的数据才有可参考性。

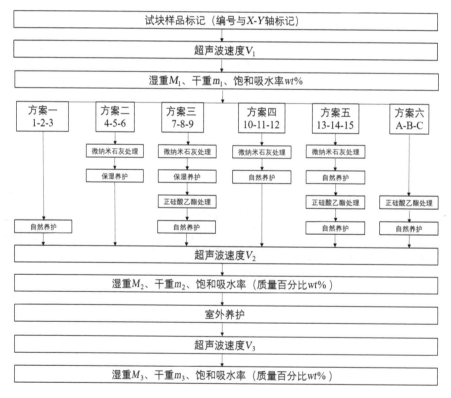

图6-31 不同处理和养护方法的实验过程（2022年1月18-28日）
图片来源：周月娥

图 6-32　采取不同方法处理的汉白玉
图片来源：戴仕炳，摄于 2022 年 2 月

　　（2）对比图 6-31 中的不同的劣化汉白玉固化方案，处理方案三（样品号：7、8、9），即经过微纳米石灰（NML-L100）处理，室内密封保湿养护至少 48 小时后再采用正硅酸乙酯 Remmers KSE 300HV 处理，在室内和室外养护过程中，超声波速度逐步增加，不同试块样品 X 轴超声波速度增加幅度稳定，约在 30% ～ 40%，不过高；饱和吸水率降低 31% ～ 50%，颜色稍微变白，72 小时内，KSE300HV 的表观渗透深度达到 30 ～ 60 毫米（图6-33）。参照第四章超声波检测发现上海宋庆龄汉白玉雕像表层有最深达到 20 ～ 50 毫米的劣化，如果 KSE300 HV 渗透深度超过劣化的深度，那么图 6-31 中的处理方案三或许是更好的固化方案。

图 6-33　不同劣化汉白玉毛细吸收改性增强剂 KSE300HV 实验
图片来源：周月娥，摄于 2022 年 3 月

第7章　现场试验及抢救性保护措施

由于制作成雕像后的汉白玉在特定的环境中发生的病害与实验室模拟的还有很大不同，因此在完成实验室的各项实验后在现场及上海自然环境下补充实验，一方面进一步验证实验室实验结果，另一方面为实施积累经验。在完成诸如清洁等现场实验后，形成抢救性保护方案并于2019年6月通过专家评审。2020年第一波新冠病毒疫情结束后按照2019年的方案实施了抢救性保护工作。

现场实验工作分两个阶段，第一阶段是2019年1-6月完成的，试验包含无水清洁、裂隙加固及表面保护三个部分内容。第一阶段现场实验完成后，对宋庆龄汉白玉雕像完成了抢救性保护工作。第二阶段户外实验是在第一阶段实验基础上并根据抢救性保护工作及随后的保养工作中发现的问题展开的。二个阶段之间为验证酒精及微纳米石灰杀灭微生物的效果，还在二种不同的材料表面进行了实验。

7.1　无水清洁试验（汉白玉鸽子）

7.1.1　试验对象

考虑陵园内雕像的石材类型、保护级别、病害情况等实际情况，与宋庆龄陵园管理处讨论后决定选择的清洁试验对象为陵园内西部名人墓园中杜重远和侯御之合墓碑旁的一对汉白玉鸽子（图7-1）。这对鸽子材质同样也是汉白玉但粒粗，风化明显，由于接近地面使得污染更为典型，比较适合作为无水清洁现场试验的对象。

现场试验时间：2019年4月10日—2019年4月11日。

图7-1　杜重远和侯御之合墓（左下角为试验对象）
图片来源：周月娥，摄于2019年2月

7.1.2 试验材料及工具

试验材料：文保专用凝胶；无水乙醇。

试验工具：喷壶；一次性无菌手套；毛刷；脱脂棉。

7.1.3 现场试验过程

本次清洁试验采取无水清洁技术对汉白玉雕像进行清洁，因雕像处于露天环境，确保雕像在清洁前表面干燥无水分残留，清洁过程中避免阳光直射。

具体工艺流程（图 7-2）：

（1）用软毛刷小心除去雕像表面的浮灰；

（2）用喷壶在雕像表面均匀的喷洒一遍无水乙醇，使无水乙醇充分浸润雕像表面；

（3）等待雕像表面的无水乙醇挥发后，立即用软毛刷在雕像表面均匀的涂刷一层文保专用凝胶，涂刷要求材料完全覆盖雕像表面；

（4）自然养护 1～2 小时，直至文保专用凝胶材料由白色转变为半透明后小心揭除。

重复步骤 3 和步骤 4 一遍。

7.1.4 清洁试验效果

通过 2 次无水清洁后，鸽子雕像整体和局部都由原先沾灰后的灰色变成汉白玉本色（白色），达到预期清洁效果（图 7-3、图 7-4）。

现场还发现局部深色斑点由于长期日积月累地侵蚀，已深入汉白玉内部。

图 7-2 采用无水乙醇清洁及文保专用凝胶的清洁实验图
片来源：周月娥，摄于 2019 年 4 月

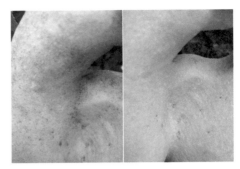

图 7-3 清洁前（左）与清洁后（右）局部（小鸽子）效果
图片来源：何政，摄于 2019 年 4 月

图 7-4 清洁前（左）与清洁后（右）局部（交接处）效果
图片来源：何政，摄于 2019 年 4 月

7.2 裂隙加固（江绍基汉白玉雕像）

本次裂隙加固试验采用微纳米石灰 NML-010 和微纳米石灰 NML-300 对汉白玉雕像进行裂隙注浆加固。注浆前需对裂隙表面和内部进行清洁以确保注浆加固效果。因雕像处于露天环境，确保雕像在注浆前保持表面干燥无水分残留，注浆过程中避免阳光直射。

7.2.1 试验对象

与宋庆龄陵园管理处协商后决定选择的清洁试验对象为陵园内西部万国公墓名人墓中江绍基雕像右手腕处裂隙作为加固试验对象（图 7-5）。

现场试验时间：2019 年 4 月 10 日

7.2.2 试验材料及工具

试验材料：微纳米石灰 NML-010、微纳米石灰 NML-300、无水乙醇。

试验工具：5 毫升医用注射器、一次性无菌手套、毛刷、脱脂棉。

图 7-5 江绍基雕像（右手腕处裂隙为试验对象）
图片来源：周月娥，摄于 2019 年 4 月

7.2.3 加固试验过程

具体工艺流程：

（1）按无水清洁工艺对裂隙进行清洁处理，方法参照 7.2.1 节；

（2）在裂隙表面周围涂刷一层文保专用凝胶；

（3）凝胶凝固后，在裂隙上分段选取几个注浆口，用 5 毫升医用注射器向裂隙人工注射微纳米石灰 NML-010（图 7-6），注射量和速度根据裂隙吸收速度控制，分多次注射，直到裂隙吸收饱和，注射过程中如果注浆材料溢出污染到雕像，及时用脱脂棉擦洗干净；

（4）用微纳米石灰 NML-300 替代微纳米石灰 NML-010 重复上述步骤 3；

（5）注浆完成后揭去文保专用凝胶，将雕像清理干净。

7.2.4 加固试验效果

实验过程中，大约共注射约 10 毫升的微纳米石灰，清洁后，裂缝部位洁净（图 7-7）。

7.3 表面保护试验（汉白玉鸽子）

本次表面保护试验采用微纳米石灰 NML-010、微纳米石灰 NML-300 和 KSE 增强剂 OH300（硅酸乙酯砖石增强剂）对汉白玉雕像进行表面保护。表面保护前必须

图 7-6 采用凝胶密封裂纹（左）然后采用针头注射（右）
图片来源：周月娥，摄于 2019 年 4 月

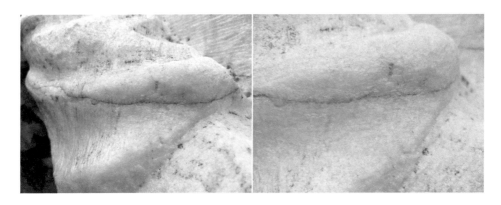

图 7-7　加固前（左）加固后（右）对比
图片来源：周月娥，摄于 2019 年 4 月

对雕像表面进行清洁。因雕像处于露天环境，确保雕像在表面保护前保持表面干燥无水分残留，试验过程中避免阳光直射。

7.3.1　试验对象

与宋庆龄陵园管理处协商后继续选择之前已经清洁试验对象：杜重远和侯御之合墓旁的一对汉白玉鸽子作为表面保护试验对象。

现场试验时间：2019 年 4 月 10 日—2019 年 4 月 11 日；

2019 年 5 月 8 日（第二次）。

7.3.2　试验材料及工具

试验材料：KSE 增强剂 OH300；微纳米石灰 NML-010；微纳米石灰 NML-300；无水乙醇。

试验工具：一次性无菌手套、喷壶。

7.3.3　保护试验过程

具体工艺流程如下：

(1) 按无水清洁工艺要求和裂隙注浆加固工艺要求对雕像进行处理（图 7-8）；

（2）用喷壶对雕像表面均匀喷洒一层微纳米石灰 NML-010，务必做到均匀全面；

（3）养护 1 小时后，待微纳米石灰 NML-010 完全干燥、用喷壶对雕像表面均匀喷洒一层 KSE 增强剂 OH300，务必做到均匀全面，养护 7 天。

图 7-8　表面保护试验过程
图片来源：周月娥，摄于 2019 年 4 月

7.3.4　保护试验效果

本次表面保护试验采用微纳米石灰 NML-010 和 KSE 增强剂 OH300 对汉白玉雕像进行表面保护（图 7-9）。试验考察时间为表面保护前后一个月（图 7-10），保护前后无明显色差，表层没有出现粉化现象。

图 7-9　第一次保护试验后
图片来源：周月娥，摄于 2019 年 4 月

7.4　采用酒精及微纳米石灰杀灭微生物实验

采用酒精及微纳米石灰杀灭微生物实验是 2020 年 3—4 月在新冠肺炎疫情得到初步遏制后进行的。目的一方面是验证 2019 年 4—6 月的实验效果（图 7-9，图 7-10），另外一方面也有意观察采用乙醇和微纳米石灰杀灭微生物的

图 7-10　第一次保护试验 1 个月后
图片来源：周月娥，摄于 2019 年 5 月

耐久性。利用微纳米石灰进行杀灭微生物的原理见第 5 章 5.3.5 节。实验分别在淋浴房马赛克内壁及安亭宾根花园的花岗石墙面进行的。

对卫生间墙壁的马赛克的微生物测试发现，在距淋浴地面 40 ～ 50 厘米高的壁面（图 7-11）瓷砖，表面的 ATP 值达到 2990 ～ 6615，很高。采用不同浓度的微纳米石灰处理后的墙面，微生物含量有明显降低（图 7-12）。

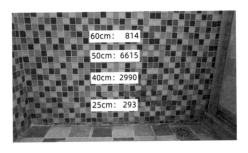

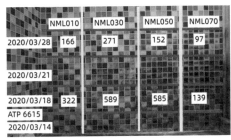

图 7-11　旧淋浴房马赛克墙面瓷砖表面 ATP 值
图片来源：戴仕炳，摄于 2020 年 3 月

图 7-12　采用不同浓度的微纳米石灰处理卫生间马赛克，采用 1% 酚酞乙醇试剂检测发现，碱性至少可以维持 14 天
图片来源：戴仕炳，摄于 2020 年 3 月

采用 75% 乙醇和浓度为 70 克 / 升（标识为 070 区域），具有最佳的杀灭细菌等能力，瓷砖表面 ATP 值降低到 97～139，红色显示处理的表面保持碱性的时间，浓度愈高，持续时间越长，浓度为 50～70 克 / 升处理的马赛克壁面碱性持续至少 14 天。

基于淋浴房的实验结果，进一步在户外环境进行了实验，实验目的是在不改变石材颜色的前提下，采用微纳米石灰处理有苔藓的墙面，观察效果，评估耐久性。

实验结果显示，当浓度超过 50 克 / 升时，在黄色花岗石墙面出现明显发白。无论是采用基于乙醇的微纳米石灰（图 7-13）还是采用酒精与微纳米石灰结合（图 7-14），均可有效杀灭苔藓等。采用 ATP 荧光检测（图 7-17），可以看出处理的墙面 ATP 值从未处理的 956～1885 降至 57～133。采用乙醇和微纳米石灰（浓度 50 克 / 升）处理的墙面，其抑制微生物可以持续 12 个月以上（图 7-16）。

这一方法在宋庆龄陵园其他汉白玉质文物保护也得到印证（图 7-15）。

图 7-13　2020 年 3 月单纯采用浓度为 30 克 (Ca(OH)2)/1 升乙醇消杀
图片来源：戴仕炳，摄于 2020 年 4 月

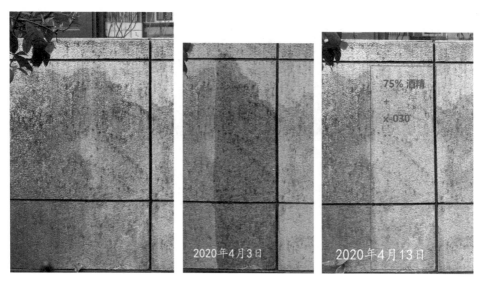

图 7-14　采用酒精和微纳米石灰结合进行杀灭实验
图片来源：戴仕炳，摄于 2020 年 4 月

图 7-15　ATP 荧光法检测微生物含量
图片来源：戴仕炳，摄于 2020 年 4 月

图 7-16 2020 年 4 月完成的实验耐久性
图片来源：戴仕炳，摄于 2020 年 4 月

图 7-17 采用微纳米石灰处理（2020 年 4 月处理）的地面一年后仍然具有好的抑制微生物生长的能力
图片来源：戴仕炳，摄于 2021 年 4 月

7.5 光触媒抑制微生物的实验

有研究表明，分散在正硅酸乙酯中的纳米二氧化钛在 UVA 的作用下具有超长期的抑制微生物的能力（B. Skasa-Lindemeier& E. Wendler, 2019）。在初步筛选的基础上，采用 3～6 纳米的光触媒二氧化钛分散在两种改性正硅酸乙酯 中（Remmers 500STE 和 Remmers KSE 300 HV），浓度分别为 0.3 克 / 升、0.6 克 / 升、1.2 克 / 升、2.4 克 / 升。初步实验发现经过 3～6 纳米的光触媒二氧化钛 Remmers 500STE 的汉白玉在 2022 年 4 月 1 日到 2022 年 6 月 1 日 60 天的上海安亭阴湿自然环境下（晴天时每间隔 2～3 天采用河浜水喷雾加速微生物生长），均有明显的抑制微生物

的作用（图 7-18）。未处理的汉白玉表面形成明显的苔藓等，而采用颗粒为 3～6 纳米的光触媒二氧化钛的 KSE500STE 处理的 4 各石材表面均保持洁净。而 3～6 纳米的光触媒二氧化钛的 KSE300HV 试剂处理的汉白玉表面有明显的污垢，尽管显微镜下微生物不明显。其中浓度为 2.4 克 / 升 处理的汉白玉的中心部位的 ATP 值最低为 65。采用 Remmers KSE 300HV 添加纳米二氧化钛处理的汉白玉表面视觉上变暗，抑制微生物不理想，原因需要进一步查清。该暴露实验工作在本书稿完成时还在进行中（图 7-19）。

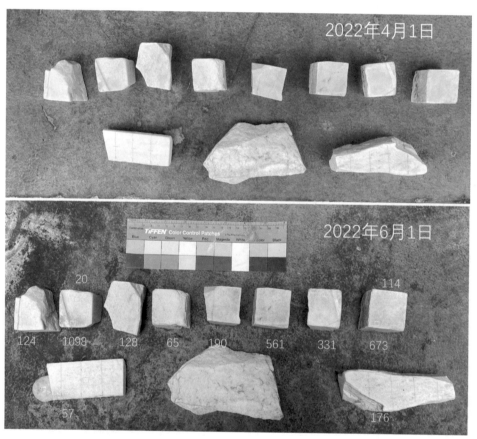

图 7-18　经过 2 个月自然阴晒后色差及 ATP 值
图片来源：戴仕炳，拍摄于 2022 年 4～6 月

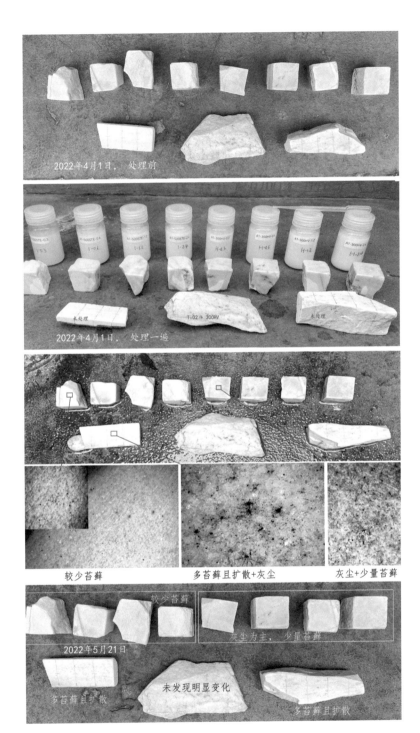

较少苔藓   多苔藓且扩散+灰尘   灰尘+少量苔藓

图 7-19　采用颗粒为 3～6 纳米的光触媒二氧化钛分散在改性正硅酸乙酯中的制剂抑制微生物生长自然阴晒实验
图片来源：戴仕炳，拍摄于 2022 年 4—5 月

7.6 维护保养方案建议（2019 年 6 月）

依据宋庆龄陵园内宋庆龄汉白玉雕像的现状以及维护保养原则要求，根据实验室实验和现场试验的结果，于 2019 年 6 月 28 日对雕像的病害治理的抢救性方案提出以下建议：

7.6.1 排盐

根据病害勘察和研究结果（见第 3 章 3.7 节），宋庆龄雕像表层存在酸雨侵蚀的产物硫酸镁，随着硫酸镁体积发生变化，这样就有可能加重汉白玉雕像表面裂隙的发育。因此，非常有必要对雕像本体进行敷贴法排盐处理。通过干湿交替过程排除富集于雕像表层的可溶性盐，保护雕像。

具体方法如下：

（1）采用无水酒精杀菌；

（2）采用医用纱布包裹雕像，避免在去除盐分过程中对面层的损伤；

（3）采用二次蒸馏水湿润雕像及纱布，将配制好的纸浆批刮到雕像全身，厚度 10 毫米；

（4）待 7 ~ 10 天后去除干固纸浆，测电导率，如果与新鲜的纸浆差别不大，则降盐结束；

（5）如果差别大，重复 1 ~ 2 次，直到接近。

7.6.2 裂隙加固

对于经超声波检测有一定深度的裂纹和裂隙（见第 3 章 3.5 节），为防止病害进一步加剧，有必要进行修补。

具体方法如下：

（1）裂纹采用竹签等去除藻类残余，喷淋无水乙醇；

（2）第二天裂纹挤入文保专用凝胶，等面层干燥后揭去；

（3）重复上述流程，至无灰尘、藻类为止；

（4）采用微纳米石灰 NML-300 添加汉白玉石粉（小于 40 目）调配成浆状修补，留点滴注浆头；

（5）预注射微纳米石灰 NML-010，到裂纹饱和；

（6）第二天，采用点滴法滴注 NML-100，达到饱和；

（7）第三天再滴注 NML-300，达到饱和；

（8）第四天所有面层裂纹采用微纳米石灰 NML-300 添加筛分后的旧汉白玉石粉粒径（小于 40 目）调配成浆状修补，并修出类似汉白玉纹理。

7.6.3　增强加固与表面保护

现场勘察与测试发现宋庆龄雕像表层存在多处裂隙以及表层粉化颗粒，特别是雕像西侧立面粉化度高达 0.53 毫克／平方厘米。因此，建议采用微纳米石灰材料＋正硅酸乙酯材料进行加固，进行表面保护，加固与保护需配合进行，材料应透过汉白玉微小的毛细孔进入晶粒之间，通过粘结作用达到加固保护效果。

2019 年 6 月提出的工艺流程如下：

（1）表面喷淋无水乙醇润湿；

（2）喷淋一遍微纳米石灰 NML-010；

（3）待第一遍的微纳米石灰渗透后，喷淋一遍微纳米石灰 NML-300 与无水乙醇 1:1 稀释液；

（4）养护 48 小时；

（5）喷淋一遍正硅酸乙酯 KSE300 与无水乙醇 1：1 稀释液。

7.6.4　无水清洁及鸟粪处理出新

根据实验室实验结果、陵园管委会的日常经验，在 2019 年 6 月提出的鸟粪清洁方案基础上，本书提出如下完整的鸟粪清洁维护方法。

7.6.4.1　材料与工具（放入专用工具箱内）

（1）洗瓶装去离子水，500 毫升

（2）充电吸尘器及滤网

（3）剪刀

（4）消毒酒精（75%）

（5）微纳米石灰（NML-100）（200 毫升）

（6）刷子

（7）脱脂棉

（8）乳胶手套

（9）牙刷

（10）垃圾袋

（11）医用镊子

（12）白毛巾 - 吸水性好（全棉）

7.6.4.2 维护方法

1. 干鸟粪

步骤（1）将滤网剪成 3 ～ 5 厘米的方形，覆盖吸尘器的滤网，吸掉干鸟粪；

步骤（2）手撕或剪一小块脱脂棉覆盖有鸟粪痕迹处；

步骤（3）从洗瓶挤出少量的水到脱脂棉上，水量不能溢出脱脂棉；

步骤（4）采用牙刷隔着脱脂棉轻刷被污染的汉白玉表面；

步骤（5）采用镊子去除脱脂棉，放入垃圾袋；

步骤（6）如果有必要重复步骤 2—5 直到表面干净；

步骤（7）采用干的脱脂棉吸干表面水分；

步骤（8）手持微纳米石灰瓶震荡 1 ～ 2 分钟使石灰均匀混合，用毛刷刷少许微纳米石灰到被污染处，重复 1 ～ 2 次，间隔 1 ～ 5 分钟（视天气情况），直到鸟粪痕迹被明显覆盖；

步骤（9）用湿透水的全棉白毛巾覆盖涂刷过微纳米石灰部位 2 小时以上（时间越长越好），然后拿掉白毛巾即可。

2. 稀鸟粪

按照干鸟粪的步骤 2—9 进行。

7.7 2020 年抢救性治理工作

2019 年 6 月 18 日，在上海市文物局的指导下，宋庆龄陵园管理处组织专家对同济大学提出的针对治理病害的抢救性方案（送审稿）进行咨询（图7-20）。专家同意提出的方案，并建议尽快完成抢救性工作。但是，由于2020年初爆发新冠肺炎疫情，工作暂停。2020年4月宋庆龄陵园管理处委托第三方专业公司依照上述建议实施了一次抢救性修复保护措施，包括：排盐、无水清洁、裂隙加固和鸟粪清除及出新（图7-21、图7-22）。

在防疫等特殊背景下，抢救性治理工作结束后未对总体效果进行定量一半定量评估。

图7-20 现状勘察及维护保养方法设计方案汇报
图片来源：宋庆龄陵园管理处，摄于2019年6月

第一步：宋庆龄雕像清洁-搭建脚手架与围护（2020/4/5）

第二步：简单清扫后，用纱布包裹雕像全身，再敷排盐制浆，以防止除盐清洁膏对雕像面层的破坏

图7-21 2020年4月完成的对宋庆龄雕像病害进行抢救性治理
图片来源：钟燕，摄于2020年4月

第三步：对排盐中的雕像（一周）进行防雨保护

第四步：剥除排盐制浆

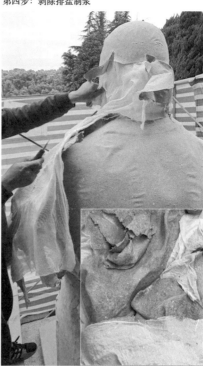

第五步：裂隙填补与细部清洁处理

第六步：表层增固处理

图 7-22　2020 年 4 月完成的治理病害的抢救性保护工作

图片来源：钟燕，摄于 2020 年 4 月

第8章 2021年4月维护保养工作

宋庆龄陵园内的宋庆龄汉白玉雕像在2020年经过一轮抢救性地修复保护之后，由于其外部环境并没有发生改变，依然暴露在风吹日晒雨淋的室外，而以保证文物安全为主的"牺牲性保护"理念进行的修复保护措施，其"牺牲层"会随着时间逐渐失效，病害可能又开始产生和发展，因此在一段时间之后，有必要对其效果进行评估，以制定出日常维护保养的策略。

为此，于2021年3月对雕像在2020年的修复保护效果进行了评估，包括：裂隙加固效果、颜色的变化和表面粉化度等。随后对出现的一些瑕疵进行了修正、保养，根据评估、保养结果，提出了未来预防性措施（包括预防性保护建筑，见第9章）。

8.1 雕像在2021年3月时的状况评估

8.1.1 视觉效果

首先是以较为专业的摄影器材，以雕像为主体测光并略减曝光对其总体外观进行多角度拍摄，经后期图像增强处理（参见第3.2节）可以使表面色彩与纹理更显著（图8-1—图8-3）。

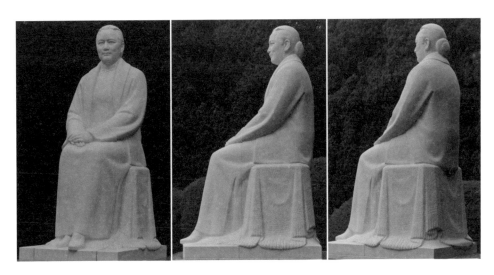

图8-1 雕像左前、左、左后
图片来源：汤众，摄于2021年3月

图 8-2 雕像正面（左）及图像增强处理后（右）
图片来源：汤众，摄于 2021 年 3 月

图 8-3 雕像右后、右、右前
图片来源：汤众，摄于 2021 年 3 月

然后再以微距镜头（见第 3.2 节）拍摄雕像局部尚有问题之处。可见雕像头部开裂治理 1 年后部分填补部位脱落，局部残留，变色疑似微生物（图 8-4）。从遗留鸟粪状态上可以看出，经过处理后没有再渗透到汉白玉中（图 8-5），说明微纳米石灰层有效阻止污染物对汉白玉的渗入。通过与欧洲标准的瑞典 NCS 色卡对比拍摄可以看出部分表面色彩偏黄（图 8-6）。雕像双手交叉处污染严重，并影响到雕像袖口拼接缝（图 8-7）。雕像右前臂袖子可见裂隙经修补后痕迹（图 8-8）。

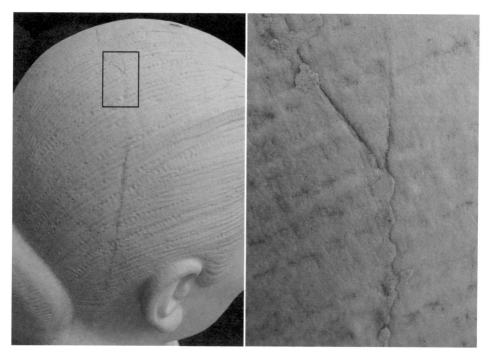

图 8-4　头部裂缝处
图片来源：汤众，摄于 2021 年 3 月

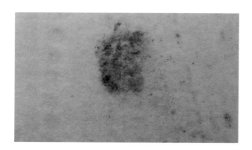

图 8-5　鸟粪没有渗透到汉白玉中
图片来源：汤众，摄于 2021 年 3 月

图 8-6　与色卡对比，拍摄表面偏黄
图片来源：汤众，摄于 2021 年 3 月

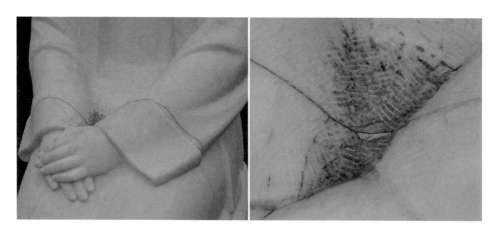

图 8-7　双手交叉处污染严重
图片来源：汤众，摄于 2021 年 3 月

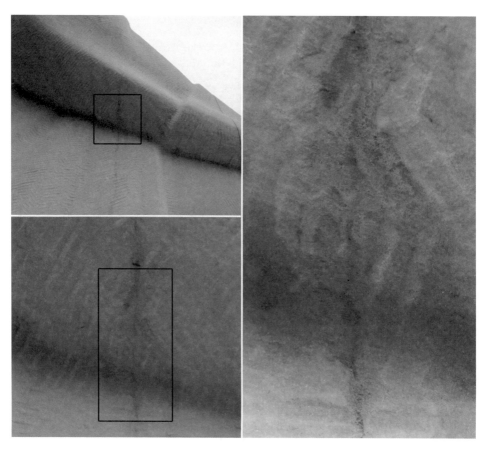

图 8-8　右前臂袖子裂隙修补痕迹
图片来源：汤众，摄于 2021 年 3 月

8.1.2 颜色

汉白玉雕像受污染和其他病害影响颜色会不再为靓丽的白色，影响"冰清玉洁"的艺术效果（图 8-9），因此颜色变化检测须定期重复进行，使用分光测色仪可在现场进行无取样、无损检测（第 3 章 3.2.1 节）。该方法只是用作大规模快速"筛选"法，来检测所用有色材料的变化和污蚀概况。

本次测试采用手持分光测色仪进行测试（图 8-10，图 8-11），因为缺少该雕像的原始标样测试数据，也缺乏 2019 年 4 月抢救性治理前后的数据，故此次仅对比在 2021 年 3—4 月表面维护保养前后的测量结果（表 8-1）。根据分光测色仪测得的维护前后 L 值对比发现，2021 年 4 月维护后雕像 L 值增加，依据解析结果说明雕像维护后白度增加（图 8-12）。

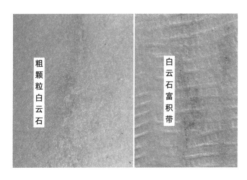

图 8-9　材性的不均－导致色差及不同潮湿度的观感差异
图片来源：戴仕炳，摄于 2021 年 4 月

图 8-11　分光测色测试位置标记
图片来源：周月娥，2021 年 4 月

图 8-10　分光测色仪测试
图片来源：周月娥，摄于 2021 年 4 月

表 8-1　分光测色结果对比

测试位置	维护保养之前			2021 年 4 月维护保养之前		
	L	A	b	L	a	b
S004	83.01	0.52	8.19	85.95	0.36	2.24
S005	83.93	0.72	8.78	87.79	0.32	2.25
S006	89.8	0.13	4.21	91.20	0.31	1.71
S011	87.41	0.25	6.97	88.93	0.47	2.61
S013	83.45	0.11	4.99	89.53	0.36	2.47
S015	87.6	-0.08	5.28	90.14	0.23	2.08

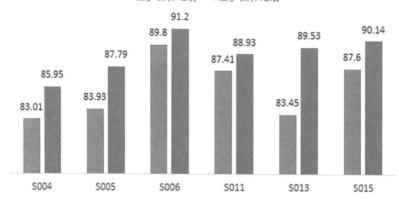

图 8-12　维护保养（2021 年 4 月）前后分光测色结果对比
图片来源：周月娥

8.1.3　裂隙的超声波检测

作为计划以一年一次的频率进行的基础检测，根据《超声法检测混凝土缺陷技术规程》（CECS21:2000）所述平测法，检测裂隙深度（第 4 章 4.4 节，图 8-13）。现场共选取 6 条重点裂隙进行测量与数据对比（图 8-14，表 8-2），以探查雕像头部及其他部位风化状况及裂隙发育状况。

图 8-13　超声波平测法检测裂隙深度
图片来源：黎静怡，摄于 2021 年 4 月

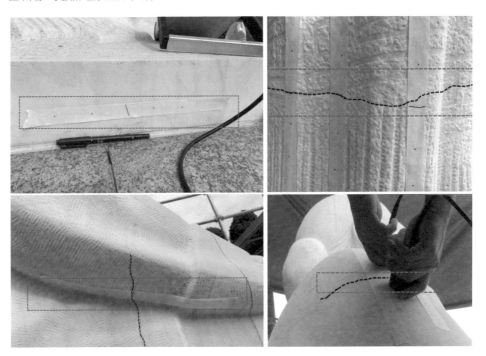

图 8-14　超声波平测法测身体不同部位裂纹
基座（左上，编号：空白）西北侧裙摆（右上，编号（从左向右）：1-1；1-2；1-3）
右手臂下方裂隙（左下，编号：5）右侧肩膀横向裂隙（右下，编号：15）
图片来源：周月娥，摄于 2021 年 4 月

通过对于重点裂隙监测分析得出，宋庆龄汉白玉雕像的裂隙存在以下几个特点：

（1）根据测试结果与 2019 年数据对比发现，2020 年维护后部分裂隙被填充，在超声波检测时裂隙深度为 0 （表 8-2，图 8-16、图 8-17）。

表 8-2 超声波测试裂隙深度

编号	裂隙编号	测试类型	裂隙深度 H(毫米)		评价 *
			2019 年	2021 年	
空白	基座 B	平测法	0	0	没有变化
1-1	RS1	平测法	34	0	++
1-2		平测法	21	0	++
1-3		平测法	38	0	++
5	RA7	平测法	63	52	+
14-6	RA2	平测法	40	0	++
14-7		平测法	37	0	++
14-8		平测法	27	0	++
T-01		CT 法 / 平测法	10—50	12	+
T-02		CT 法 / 平测法	10—50	9	+

* 备注： ++ 表示裂纹被完全黏合，+ 表示裂纹部分黏合。

头部正中裂隙（左，编号：T-01）头部偏西侧裂隙（右，编号：T-02）
图 8-15 超声平测法测头部裂纹
图片来源：周月娥，摄于 2021 年 4 月

（2）2021 年测得雕像汉白玉超声波速度在 2 392 ～ 2 959 米 / 秒（图 8-16），整体较 2019 年测试结果衰减 0 ～ 10%，局部有增加。根据实验室 2019 年自北京房山采购的新汉白玉超声波波速 4 563 米 / 秒计算，宋庆龄汉白玉雕像超声波波速在 2 959 米 / 秒，是新鲜汉白玉的 65%，参照表 4-1，属于轻度风化阶段。当然，这种衰减也可能是测点部位不同及岩石各向异性（见第 6 章）相关。

（3）不同的裂隙超声波的速度有增加，也有降低（图 8-17）。

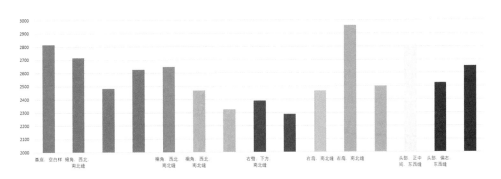

图 8-16　雕像不同位置 2021 年 4 月上旬测定的超声波测试结果
图片来源：周月娥，2021 年 4 月

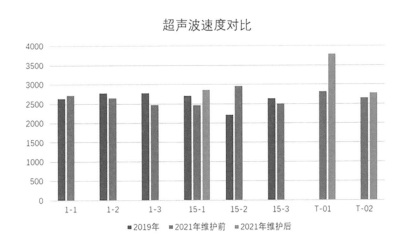

图 8-17　雕像同一裂隙超声波测试结果对比
图片来源：周月娥，2021 年 4 月

其中：

① 右肩裂隙（裂隙编号：RA2，测试编号：14-7），超声波波速提升 34%，发现明显的填补痕迹；

② 头部右侧裂隙，经过 2020 年修补后，测得裂隙深度为 9 ～ 12 毫米，2019 年 CT 扫描测得 10 ～ 50 毫米；

③ 手臂袖口下裂隙（裂隙编号：RA7，测试编号：5），2019 年测得 63 毫米，经过 2020 年修补且风化后，测得裂隙深度为 52 毫米，2021 年维护后测得裂隙深度为 0；

（4）头部裂隙因 2019 年以 CT 法检测整体（第 4 章 4.5 节）未以平测法单独检测而无数据，2021 年检测分别有深度为 12 毫米、9 毫米的裂隙。说明 2020 年治理时头部开裂部位注射没有达到最理想的饱满度或者治理后剧烈温差导致了新的开裂。

裂隙填补修补一方面可以重新增加表层汉白玉的完整性，也可以降低水进入汉白玉的程度，是汉白玉雕像整体保护的除注射外最重要的维护措施。

8.1.4 表面粉化度

重要的石质文化遗产在自然劣化过程中会发生表面粉化。半定量测定粉化度，一方面可以评估石质等文化遗产的表面劣化程度，另一方面也可以半定量监测、评估表面固化等技术措施的质量及其耐久性。

参照附录 1 的方法，2021 年 3 月对雕像不同部位粉化度进行检测（图 8-18，图 8-19），结果见表 8-3（图 8-20、图 8-21）。

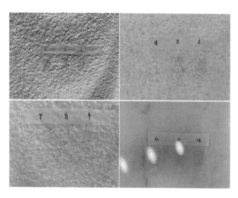

图 8-18 宋庆龄雕像不同立面粉化度检测
图片来源：周月娥，摄于 2021 年 3 月

图 8-19 粉化度检测
图片来源：周月娥，摄于 2021 年 4 月

表 8-3　雕像不同部位粉化度检测结果

测试编号	单位面积粉化程度（毫克 / 平方厘米）		平均值（毫克 / 平方厘米）		测试位置
	2019 年	2021 年	2019 年	2021 年	
东 1	0.39	0.44			
东 2	0.70	0.53	0.47	0.50	
东 3	0.32	0.54			东侧
北 4	0.14	0.23			
北 5	0.23	0.30	0.3	0.25	
北 6	0.53	0.23			北侧
西 7	0.54	0.56			
西 8	0.51	0.96	0.53	0.80	
西 9	0.54	0.86			西侧
南 10	-	0.82			
南 11	-	0.42	-	0.61	
南 12	-	0.60			南侧

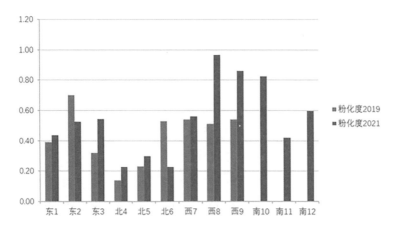

图 8-20　粉化度测量结果对比
图片来源：周月娥

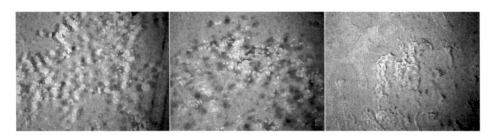

图 8-21　粉末显微照片对比图
左：微纳米石灰 NML500 样品，白色粉末；中：北京房山汉白玉，严重粉化酥碱，透明晶体状；右：粉化度检测 3 号样品，
含有石灰和汉白玉晶体颗粒混合白云石晶体及白色石灰粉末
图片来源：周月娥

根据对雕像不同部位汉白玉表面粉化度检测结果，经对比不同粉末发现：

（1）东侧不同测试位置，粉化度为 0.44 ～ 0.54 毫克 / 平方厘米；

（2）北侧不同测试位置，粉化度为 0.23 ～ 0.30 毫克 / 平方厘米；

（3）西侧不同测试位置，粉化度为 0.56 ～ 0.96 毫克 / 平方厘米；

（4）南侧不同测试位置，粉化度为 0.42 ～ 0.82 毫克 / 平方厘米。

（5）平均值比较得出西侧粉化比较严重。

分析原因得出，露天环境下日晒雨淋导致汉白玉雕像出现不同程度粉化，粉化
程度由轻到重依次为：北侧→东侧→南侧→西侧，西侧因接受光照时间长，粉化程
度相对其他侧面较为严重，高达 0.80 毫克 / 平方厘米。

8.1.5 发现的问题及思考

按照 2019 年 6 月提出的保护方案，在 2020 年 4 月完成抢救性保护后，采用微纳米石灰和正硅酸乙酯处理后的汉白玉粉化度应可明显降低，但结果并不十分理想。在粉状颗粒中不仅含有白色石灰颗粒，也含有汉白玉颗粒。尽管粉化度测试结果不能完全代表汉白玉的劣化程度，但是测试数据显示，宋庆龄汉白玉雕像在 2021 年 3 月仍然存在明显的粉化。特别是西侧粉化明显，这和 2019 年在维护保养前发现"西侧粉化比较严重"这一结论是一致。也就是说，表面汉白玉粉化的问题经过 2020 年 6 月的保养没有得到根本性的改善。需要对材料、工艺等进一步研究，这也是开展第二期室内外实验的原因（见第 6 章 6.5 节）。

结合第二期实验室实验研究初步结果，微纳米石灰施工到表面后需要保湿养护，特别是施工期间遇到干燥天气，这可以增加钙离子渗透到微细的白云石晶体之间。这需要在工艺上改进，维护工作也需要更多的时间。

此外，尽管实验室数据很好，但是实际施工时，单纯喷淋一遍（图 7-22 右下图）正硅酸乙酯 KSE300 与无水乙醇 1∶1 稀释液不足以固化已经明显劣化的汉白玉，而且渗透深度可能不足。采用分子更小的改性正硅酸乙酯（Remmers KSE 300HV）可以增加强度（见 6.5 节）。但是需要在模拟雕像或其他类似汉白玉雕像进行仿真实验并经评估（包括强度梯度、颜色变化、微生物发育等）后才能在宋庆龄雕像本体上使用（见第 10 章）。

8.2 本体维护保养（2021 年 3—4 月）

前述通过现场对汉白玉雕像进行无水清洁、裂隙注浆加固及表面保护试验，评估无水清洁、裂隙注浆加固及表面保护材料和保护工艺的效果，结合实验室针对同类型汉白玉的研究成果，为后期宋庆龄汉白玉雕像的长期持续的日常维护保养方法研究作为铺垫。

8.2.1 维护保养工作内容及工期

《石质文物保护修复方案编写规范》（WW/T0007-2007）3.3："石质文物保护修复技术，指为消除或减缓石质文物病害所实施的技术措施。一般石质文物的保护修复措施包括地基处理、表面清洁、渗透加固、黏结灌浆与机械加固、补配修复、封护处理等。"2021年4月的工作未涉及渗透加固等措施，属于维护保养工作范畴。

根据实验室针对同类型汉白玉关于无水清洁、裂隙注浆加固及表面保护材料和保护等方面的研究成果，以及对2020年抢救性修复保护效果进行的评估结果，于2021年4月，为宋庆龄汉白玉雕像提供本次维护保养。

经过与陵园管理处的沟通、团队内部讨论，确定本次维护保养的主要内容包括：表面清洁、接缝补填、补配修正，表面固化（微纳米石灰牺牲性保护层）。

为便于操作，征得宋庆龄陵园管理处同意，在清明节后5·1国际劳动节之前瞻仰活动较少的时期临时搭建了钢管脚手架（图8-22）。

图8-22　脚手架搭建
图片来源：周月娥，摄于2021年4月

8.2.2 维护保养原则

宋庆龄汉白玉雕像暴露在室外环境下，没有办法控制温差、酸雨和空气污染物等对本体的危害，因此制订的维护保养方法应遵循以下几点原则。

原则一：不改变文物原状；

原则二：不改变雕像表面的颜色，正确把握审美标准，适度出新（白）；

原则三：选择正确的适合的维护保养方法及材料，确保文物安全；

原则四：符合生态安全，不破坏雕像或者周边环境；

原则五：加强文物的定期维护与保养。

8.2.3 保养维护工作流程

8.2.3.1 表面清洁

根据《石质文物保护修复方案编写规范》（WW/T0007-2007）3.3.2："表面清洁指为去除石质表面附着的风化物、沉积的污染物等外来有害物质，并使它们的原有风貌尽可能地得以恢复。"

雕像表面污染物虽然很大程度上影响了艺术审美价值，但并不是所有的污染物都对雕像表面有破坏作用。一部分污染物会加速材料劣化影响雕像寿命，而另一些暂时没有明显的破坏作用，有的甚至可能具有保护作用。按照保护的"最小干预"原则，需要清洁的是那些具有明显破坏作用的污染物。保养过程中采用的材料及工具见表8-4，工艺流程见图8-23。

表8-4 2021年4月现场清洁采用的材料及工具

工作内容	材料	工具
无水清洁	无水乙醇 特制排盐纸浆 Remmers清洁凝胶	一次性无菌手套 软毛刷 喷壶 专用毛刷（牙刷） 脱脂棉

本次清洁试验采取无水清洁技术对宋庆龄雕像进行清洁，因雕像处于露天环境，确保雕像在清洁前表面干燥无水分残留，清洁过程中避免阳光直射（图8-24）。本次维护保养计划频率为一年一次，只针对污染较为明显的位置进行局部清洁。保养过程中针对不同污染程度选择不同清洁方式。

方法一：针对重度污染，苔藓聚集处，采用凝胶敷贴清洁法（图8-25）。

方法二：针对轻度污染处，采用纸浆敷贴清洁法（图8-26）。

通过清洁后，整体由原先沾灰后的灰色变成汉白玉本色（白色），达到预期清洁效果。

局部深色斑点由于长期日积月累地侵蚀，已深入汉白玉内部，通过微纳米石灰覆盖。

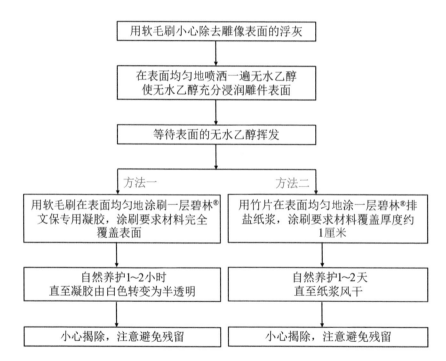

图8-23　清洁工艺流程图
图片来源：周月娥

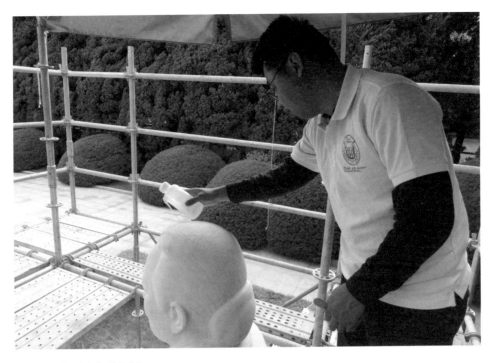

图 8-24 无水乙醇浇淋 - 清洁杀菌
图片来源：周月娥，摄于 2021 年 4 月

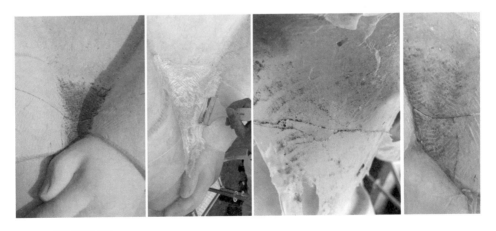

图 8-25 凝胶敷贴清洁法
图片来源：周月娥，摄于 2021 年 4 月

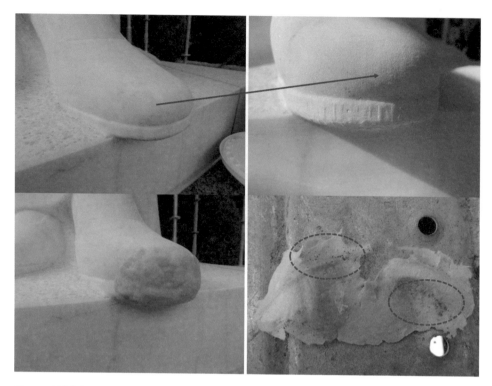

图 8-26 纸浆敷贴清洁法
图片来源：周月娥，摄于 2021 年 4 月

8.2.3.2 裂隙填补及局部修正

根据《石质文物保护修复方案编写规范》（WW/T0007-2007）3.3.4："灌浆加固是指对石质文物裂隙、空鼓部位的填充黏结。""4.7.2 各措施中的基本要求 d) 黏结加固工作的基本要求：①适当的黏性，黏结强度应小于，等于石材本体强度。②易去除，而又不会损伤石质文物黏结面。③满足一定的美观要求，尽量与石质文物外观协调。"

本次裂隙注浆加固试验采用微纳米石灰 NML-010 和汉白玉石粉（旧，粒径小于 35 目）对雕像现存的裂隙进行填补。填补前需对裂隙表面和内部进行清洁以确保加固效果。因雕像处于露天环境，确保在填补前保持表面干燥无水分残留，过程中避免阳光直射。

对 2021 年 3-4 月完成的对雕像艺术性有影响的补配进行局部修正（表 8-5、图 8-27、图 8-28、图 8-29、图 8-30）。

表 8-5　2021 年 4 月裂隙填补现场采用的材料及工具

工作内容	材料	工具
裂隙填充	微纳米石灰 NML-010 汉白玉修复石粉（旧，35 目）	美纹纸 一次性无菌手套 软毛刷 5 毫升医用注射器 脱脂棉

图 8-27　裂隙修正
图片来源：周月娥，摄于 2021 年 4 月

具体工艺流程：

（1）选取填补裂隙，用美纹纸封护裂隙边缘；

（2）细微裂隙，用 5 毫升医用注射器向裂隙人工注射微纳米石灰 NML-010，注射量和速度根据裂隙吸收速度控制，分多次注射，直到裂隙吸收饱和，注射过程中如果注浆材料溢出污染到雕像，及时用脱脂棉擦洗干净；

（3）裂隙 ≥ 3 毫米，采用调制好的汉白玉修复石粉进行填补，压平压实；

（4）完成后揭去美纹纸，按照雕像纹理将缝的边缘清理干净。

各处裂隙填补修复前后对比见图 8-31，图 8-32，图 8-33，图 8-34，图 8-35，图 8-36 和图 8-37。

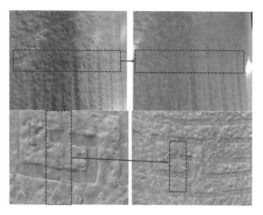

图 8-28 裂隙修正效果对比（部分）
图片来源：周月娥，摄于 2021 年 4 月

图 8-29 汉白玉修复石粉调制与评估
图片来源：李磊，摄于 2021 年 4 月

图 8-30 裂隙填补修复
图片来源：周月娥，摄于 2021 年 4 月

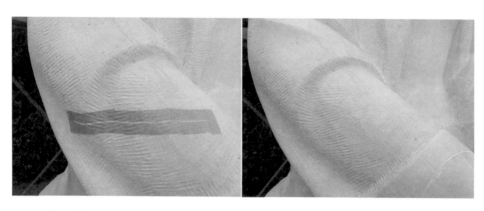

图 8-31 裂隙填补修复前后对比（右手臂）
图片来源：周月娥，摄于 2021 年 4 月

图 8-32　裂隙填补修复前后对比（基座）
图片来源：周月娥，摄于 2021 年 4 月

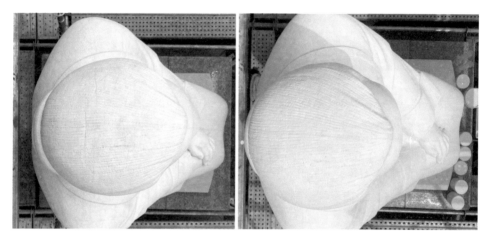

图 8-33　裂隙填补修复前后对比（头部）
图片来源：戴仕炳，摄于 2021 年 4 月

图 8-34　裂隙填补修复效果（左侧，衣服）
图片来源：周月娥，摄于 2021 年 4 月

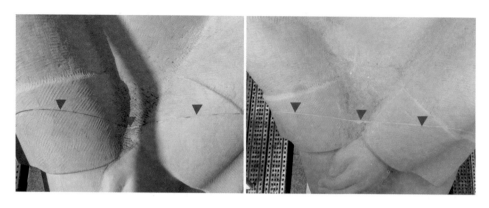

图 8-35　裂隙填补修复前后对比（正面，拼接缝）
图片来源：周月娥，摄于 2021 年 4 月

8.2.3.3　表面固化及局部出新

尽管在 2021 年 4 月开展维护保养之前，采用超声波、粉化度等方法评估了汉白玉的现状，确定汉白玉发生初等的劣化。但是，本次维护保养仍然采用保守的微纳米石灰（表 8-6）并尝试通过保湿 - 碳化等养护增加微纳米石灰的耐久性（图 8-36）。

具体工艺流程（图 8-37）：

（1）雕像整体表面保护，整体喷一次；

（2）头部、肩部等涂刷 NHL-010 两次，第二次需等第一次表干后进行；

（3）整体表面刷涂 NML-100 一到两遍达到色差不很明显；

（4）采用去离子水浸湿的白色纺布包裹雕像进行养护，全包裹，并用白色纱布固定；

（5）非园区开放时间养护，17：00—次日 7：00，小心拆除纱布和纺布。

表 8-6　2021 年 4 月表面固化与出新现场采用的材料及工具

工作内容	材料	工具
裂隙填充	1. 微纳米石灰 NML-010 2. 微纳米石灰 NML-100 3. 干冰	美纹纸 一次性无菌手套 软毛刷 白色纺布

图 8-36　通过湿毛巾在每次微纳米石灰施工间隔养护，增加石灰的渗透性
图片来源：戴仕炳，摄于 2021 年 4 月

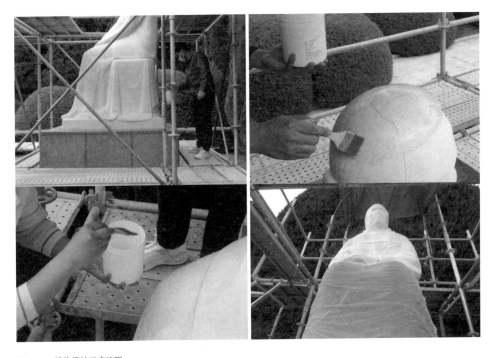

图 8-37　雕像保护工序流程
图片来源：周月娥、黎静怡，摄于 2021 年 4 月

涂刷的纳米石灰自然与空气中的 CO_2 反应碳化生成碳酸钙的速度较慢（图 8-38）。鉴于石灰碳化机理（见第 5 章）以及乔欣元（2015）等研究成果，现场雕像养护期间利用干冰释放 CO_2（图 8-39），加速微纳米石灰〔主要成分 $Ca(OH)_2$〕转变为具有固化效果及耐水稳定的 $CaCO_3$（方解石）的速度，加速养护时长为 12 小时（图 9-21）。由于重要接到活动，需要在 2021 年 4 月 28 日拆除脚手架，采用干冰加速碳化是否达到理想效果，没有在现场检测，这个需要在后续研究中及 2022 年开展的维护养前进一步阐明（见第 10 章）。

宋庆龄陵园管理处一直非常关注整个过程，多次在现场听取关于汇报本次维护保养工作的保护理念、基本内容、成效成果以及下一步工作的初步设想等，并在 2021 年 4 月 28 日完成现场验收工作（图 8-40）。

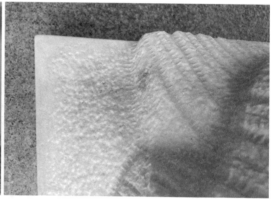

图 8-38 保养施工期间空气相对湿度较低，表面保护微米纳米石灰材料碳化速度慢
图片来源：戴仕炳，摄于 2021 年 4 月

图 8-39 采用干冰封闭在薄膜中加速碳化养护
图片来源：周月娥，摄于 2021 年 4 月

图 8-40 宋庆龄陵园管理处人员现场考察
图片来源：周月娥，摄于 2021 年 4 月

8.3 保养后的效果

2021 年保养后，采用分光测色仪测定的汉白玉的白度有明显增加（图 8-41，图 8-42）肉眼可见的裂纹全部弥合。总体效果将通过摄影法等技术进行监测（见第 10 章），并计划在 2022 年 5 月后进行再一次的评估，确定最佳的维护等方法。

图 8-41　前侧面保养前后效果
图片来源：戴仕炳、汤众，摄于 2021 年 4 月

第 9 章　预防性保护性建筑设计

9.1　预防性保护性建筑

　　纪念性雕像在选择材料时更多是从艺术创作的考虑出发，然而很多雕像材料的耐候性并不是很强，特别是露天放置在室外的天然材料，本身可能就有一些自然产生的不均匀和不同的理化特性，在长期的风吹雨打日晒冰雪的作用下，特别是近代工业生产带来的大气污染，使得这些雕像的艺术价值、历史价值等面临严峻的挑战。

　　除了完全置于室内或简单用防雨布包裹起来，还有些雕像被一些特别设计的建筑覆盖，实际上起了保护作用。例如建于 1846 年的爱丁堡司各特纪念碑，司各特白色大理石雕像被置于一个四面透空的沙石哥特式塔楼内，相比于外部塔楼沙石表面风化后烟熏火燎般斑驳的外观，白色大理石雕像在爱丁堡寒冷潮湿的气候里经历近 200 年依然基本保持了较好的状态（图 9-1）。

　　宋庆龄陵园内的宋庆龄汉白玉雕像所用石材以碳酸盐矿物白云石为主，含有绢云母、石英等矿物。原石材表面颜色洁白，以质地坚硬的晶体颗粒构成。为表现人物衣着等不同材料质感，雕像表面有各种凿毛处理。这种处理导致汉白玉雕件表面

图 9-1　爱丁堡司各特纪念碑
图片来源：汤众，摄于 2016 年 8 月

容易被雨水以及外界污染物附着渗透。特别是晶粒之间的存在缝隙，雨水及污染物长期附着容易导致微生物的滋生，形成微生物病害，细小的污染物会随着时间渗透进汉白玉内部，导致污渍无法去除。检测中还发现汉白玉发生化学风化会产生的可在不同温度、湿度条件下相变的水溶矿物硫酸镁（$MgSO_4$）。如果雕像所处的外部环境不得到改善，修复保养以后的雕像依然还会发生各种病害。为了进一步延缓雕像的劣化，有必要考虑在未来建设一个预防性保护性建筑。

结合同济大学历史建筑保护专业的 2018 级研究生教学，让学生们充分发挥创新力设计了一些方案，作为一种探索和参考。方案除了预防性保护性建筑还考虑了如何将维护保养时工作平台（脚手架）有机结合在一起。本章是其中较好的 4 个方案的总结。

9.2 层叠

设计概念从两方面切入。一方面，从宋庆龄的共产主义战士、伟大女性，提取关键词为传递、承托和荫庇，代表精神的延续、上升的趋势和美好的祝愿。另一方面，希望保护建筑的形式是传统的，并做到建筑与脚手架的一体化、模块化设计。

基于以上两方面的思考，同济大学 2018 级历建专业学生侯玉晔、王宇凡、覃雅园小组的设计方案提出了"层叠"的概念，力争体现四个特征：具有传统文化底蕴、有承托功能、上大下小和由单元构件组成。并通过对传统形式的现代化转译，提出三个设计策略：简化复杂构件模块化处理、单元搭接形成雕像的荫庇空间、使用形式传统功能现代的材料。

设计方案使用浅色仿木铝方通为单元构件，上大下小向下层层重叠搭接收分，对雕像的左、右、上、后四个面进行围合形成荫庇空间。构件与雕像保持足够的安全距离并为后续脚手架的搭接预留空间。四个面都安装可拆卸 PC 板，为雕像遮阳和阻挡风雨侵蚀（图 9-2—图 9-4）。

可拆卸的脚手架单元构件与保护建筑相同，使用时临时通过隐藏式接口与保护建筑连接安装于雕像前侧，形成两层平台（图 9-5）。

由于保护建筑是由单元构件连接而成，可依据需要快速组装，在必要时亦可全部拆除，保持雕像的原始状态。

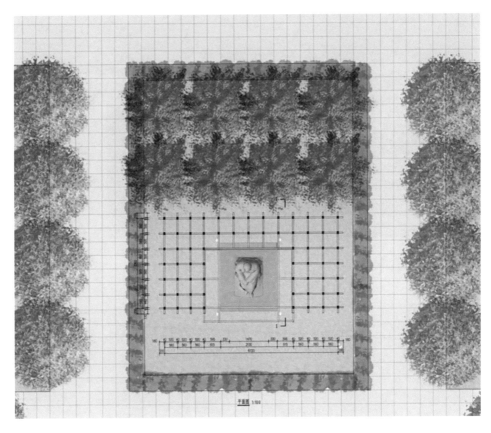

图 9-2　平面图
图片来源：侯玉晔、王宇凡、覃雅园

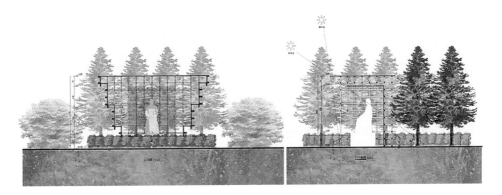

图 9-3　立面及剖面图
图片来源：侯玉晔、王宇凡、覃雅园

图 9-4 效果图
图片来源：侯玉晔、王宇凡、覃雅园

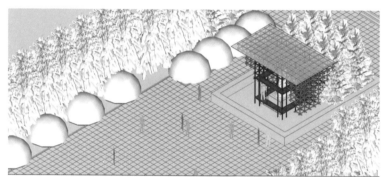

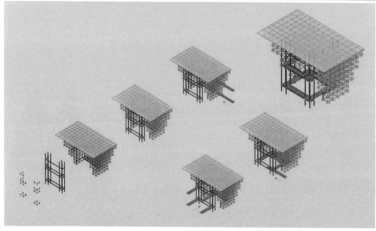

图 9-5 脚手架使用场景
图片来源：侯玉晔、王宇凡、覃雅园

9.3　开合之间

　　同济大学 2018 级历建专业学生李楷然、杨尚璇、何渝丰小组的方案的初步设想是可开合的遮罩体。当文物日常开放、供人祭拜时，遮罩体朝南向打开，给雕像创造一个顶面与侧面遮蔽的空间，以此达到遮雨、遮阳、遮污的效果；当文物停止开放或遇到极端天气时，遮罩体完全关闭，给雕像创造一个具有一定密闭性的空间，同时内部安装调节气候的装置，控制文物表面的相对温度和相对湿度，以此达到防止冻融、防沙尘暴、台风等极端气候的效果。必要时，遮罩体可前后收起，搬离文物。

　　结合扇子、敞篷车等可开合的物体形象，考虑美观需求，设计出贝壳状的 PC 板遮罩体——保护龛。以保护龛底部两侧底座为支撑点，承担保护龛的稳定性与机动性的功能。底座中安装电机，使雕像前后的每个单体板可绕着底座旋转，位于雕像背后的保护龛日常可以直接落地。

　　保护龛可分为开启状态和关闭状态。开启时前方开放，不影响纪念瞻仰。顶部遮罩，可防粉尘、鸟粪。通过控制开合角度可以有效遮阳、挡雨（图 9-6）。

正立面　　　　　　顶视图　　　　　　侧视图　　　　　　剖视图

图 9-6　保护龛开启状态
图片来源：李楷然、杨尚璇、何渝丰

当无人观瞻的夜间或为阻挡突发极端恶劣天气侵蚀，保护龛可以几乎完全闭合，以最大限度保护雕像。PC 板间有一定的气密性，必要时可增加空气调节和通风设备，可以防水汽凝结和冻融（图 9-7）。

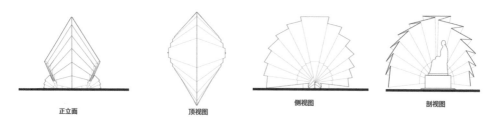

正立面　　　　　　　顶视图　　　　　　侧视图　　　　　　剖视图

图 9-7　保护龛关闭状态
图片来源：李楷然、杨尚璇、何渝丰

9.4 守护之龛

同济大学 2018 级历建专业学生赵振宇、陈博闻、贝琰小组在进行具体的方案设计前，通过对现场考察分析和对保护装置的需求进行了一定的整理与总结，从而对后续的设计提出要求：

(1) 保护雕像减少阳光照射产生的病害；

(2) 保护雕像减少雨水冲刷，鸟粪、粉尘等污染与腐蚀等产生的病害；

(3) 尽量降低雕像受到的温差变化及极端天气的影响；

(4) 提供雕像定期维护保养所需的设备与施工工作的功能空间；

(5) 装置安全轻便，避免对雕像产生额外的伤害；

(6) 造型美观，不能对正常的参拜活动造成影响。

上述设计导向要求保护建筑的设计兼顾功能性与精神性的需求，除满足基本保护需求外，还应延续并加强该区域的场所精神，使参拜序列的空间氛围在雕像处达到高潮。

宋庆龄汉白玉雕像相对于前方纪念广场和周围高耸林木，其体量较小，作为点状元素，对空间的控制力略显不足。因而，保护建筑应对雕像起到一种"放大"作用，以此来强化雕像的崇高地位并加强其对空间的控制能力。

为满足以上要求，本次设计的概念生成由场所精神入手，提出"展护结合，人像两宜"的设计思路。在概念生成的过程中，参考了传统寺观中用来安置神像的"神龛"以及魏晋南北朝壁画中常见的"帐子"作为设计的概念来源（图 9-8）。

本设计在技术上通过围护结构的设计及维护设备的置入为定期维护与施工检修提供操作便捷的作业平台；在美学上通过对参拜空间的整体分析，使围护结构与雕像结合，优化雕像在整个空间中的视觉比例。

围护结构采用框架体系，底部拓展地下空间置入升降架与后期用作二氧化碳养护的设备；框架内部增加板壁，外部设置遮阳百叶，控制日照造成的损害。主观瞻面顶部设置卷帘盒，在进行雕像的定期气体护理时可利用前述透明卷帘营造封闭空间，提高护理效率，同时利于外部监测进展，及时应对突发状况（图 9-9）。

图 9-8　南北朝壁画中的"帐子"
图片来源：赵振宇、陈博闻、贝琰

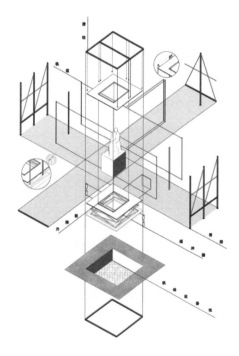

图 9-9　围护结构分解示意图
图片来源：赵振宇、陈博闻、贝琰

维护结构配合遮阳百叶和升降架可以有三种使用场景：其一，平时遮阳百叶向上收起，升降架则沉入地下，用于日常的纪念与瞻仰时；其二，将遮阳百叶放下，用于夜间和极端天气时；其三，将升降架从地面升至所需高度，用于维护保养工作时（图 9-10）。

在空间比例方面，现状雕像与树阵高度比约为 1：3，置入的围护结构地面部分与树阵约为 1：2；参见主界面营造"龛"意象的同时通过空间限定调整水平向的尺度关系，通过意向的置入实现不规则的雕像体与规则的树阵形态之间的过渡（图 9-11）。

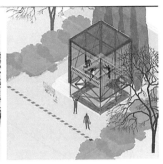

图 9-10　维护结构的三种使用场景
图片来源：赵振宇、陈博闻、贝琰

图 9-11　围护结构的尺度关系
图片来源：赵振宇、陈博闻、贝琰

9.5　绿沉

　　出于对耐久性和便捷性的考虑，同济大学 2018 级历建专业学生李依凡、周超、徐优小组的预防性保护建筑拟与便携式脚手架做一体化可拆卸设计，通过机械设备和可拆卸构件变化形态以应对不同的工作状态。同时在环境应对和建构上对艺术性和科学性作出回应。

　　宋庆龄陵园内植物覆盖率高达 70%，春樱夏薇，秋桂冬柏，一年四季树木葱茏，芳草如茵。进入园区，雕像位于南北走向的主轴线上，转过一个弯，便豁然开朗。

极致纯粹的色彩对比，缟濯于绿沉。这样一份干净的生机与沉静是这个纪念性场所务须保留的氛围。而绕至绿色"帐幕"之后，我们发现一些园林造型的杆结构或许因此伪装成了绿沉之色。于是我们希望维护装置也能延续这份纯净，尽可能地让装置消隐在"帐幕"之中，因此，我们初步设想使用绿沉（竹子）作为主要建造材料，回归自然（图9-12）。

在中国传统文化中，屋顶不只有遮蔽天空的作用，它还是"技艺载道，道艺合一"的舞台，其中最具想象力的部分大约还是藻井。因此藻井不仅被用于宫殿、寺庙、楼阁的室内装饰，以得四时景绪，纳日月星河；还常用在室外的园林亭台或戏台前厅之上，有欲与天知的祈愿（图9-13）。昔日已去，古韵犹存，我们设想借这把大伞，撑在雕像之上，延续这份敬畏的集体记忆，同时也成为雕像得以长居的庇护场所。

本方案意在打造一个活动式宋庆龄雕像保护性建筑。其主要结构支撑材料根据受力需要选用粗细不同的天然健康、经多重防护的防腐竹。竹子比一般的木材拉压强度提高约2倍，且竹子好"弯"，抗拉强度基本接近Q235钢材水平，密度仅有钢材的1/10，混凝土的1/3。竹子经过防腐处理，能做到稳定性好、防水耐高温、防霉防虫。

保护建筑的屋顶、屋架和立柱分别采用不同的方式搭接。屋顶搭接采用互承结构；屋架搭接选用绑扎式接合，立柱搭接选择了钢构件套筒式节点（图9-14）。

图9-12 "绿沉"保护性建筑
图片来源：李依凡、周超、徐优

① 螺旋式　　　　② 聚拢式　　　　③ 轩棚式　　　　④ 叠涩式　　　　⑤ 层收式

图 9-13　五种传统藻井意向
图片来源：李依凡、周超、徐优整理

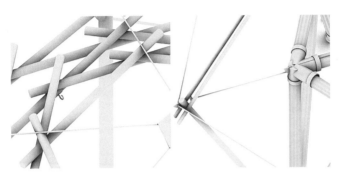 

图 9-14　构造细部展示
图片来源：李依凡、周超、徐优

　　作为维护操作平台的踏板采用竹串片脚手板的搭接方式。考虑到竹制脚踏板自重较大，将材料替换为强度更强、自重更轻的 FRP（Fiber Reinforced Polymer）纤维增强复合材料，这类材料的优点是：密度低、变形率低、吸水率低、环境影响小、成型方便、轻质高强、耐腐蚀。

　　外层遮阳罩应具备防太阳辐射（红外线、紫外线）、防水性、气密性、自洁性等特点。经对比常用的膜材料（PTFE 膜、ETFE 膜、PVC 膜、PVDF 膜等），确定选用具有优良抗紫外线、抗老化性能和阻燃性能，并具有高防污自洁性的 PTFE 膜，聚四氟乙烯（PTFE）的化学稳定性和耐高低温性能优异，目前已成为最理想的微孔膜基材。

　　保护建筑可以根据工作需要迅速搭建成适用的状态。完全状态下上半部分基本被外层遮阳罩遮盖围合，可以遮阳、防风挡雨，较好地形成一个可控的微环境。也可以仅屋顶有遮阳罩，或仅在顶部留有悬挂用于维保养护的封闭二氧化碳的保护罩。（图 9-15）。

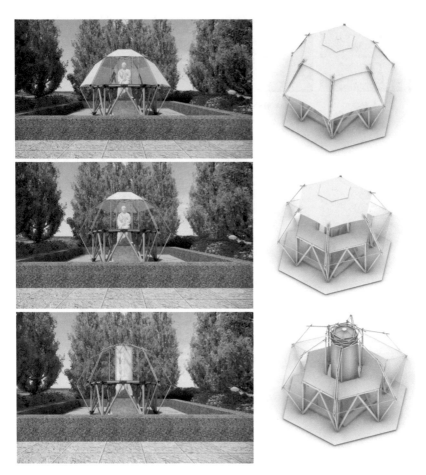

图 9-15　保护建筑不同工作状态
图片来源：李依凡、周超、徐优

9.6　预防性保护建筑评述

初步方案完成后，除了作者外，还邀请了国家文物局古建专家、中国文化遗产研究院原古建古迹保护中心主任张之平研究员进行了审阅，将她的意见未作任何修改引述如下：

（1）宋庆龄墓是国务院 1982 年 2 月 23 日公布的第二批全国重点文物保护单位，公布的文物本体是宋庆龄父母墓、宋庆龄墓和保姆李燕娥的墓。因当时还没有宋庆龄石雕坐像，所以至今该国保单位文物本体还不包括雕像。但石雕像具有重要历史和艺术价值，已经成为宋庆龄墓的组成部分，特别是与周边环境协调融合，相得益彰，成就了瞻仰宋庆龄先生不可多得的庄严美好而亲切的艺术氛围。我建议尽可能不要改变雕像与环境景观、艺术氛围之间已有的和谐美好的现状，如无特别的必要，还是不建保护建筑为好（如果微纳米石灰保护层已经起到了保护作用，似不需要建立保护棚）。

（2）结合历史建筑保护专业学生的教学，进行保护建筑方案的设计探索，具有文物保护和实际应用的意义。学生们为设计做了不少功课，脑洞大开进行了探索，保护理念总体正确，值得鼓励。但应注意方案目标是雕像保护和保护设施，而不是建筑设计，所以要遵循国内外通行的文物保护的最少干预原则。

我对方案提出如下建议：

① 进一步明确预防性保护建筑设计的原则，应注意突出宋庆龄雕像本体，保护设施宜低调、简洁，应做到"有若无、实若虚，大智若愚"，减少立面设计，防止设施喧宾夺主，防止对周边环境的影响。如果一定要建保护设施，我认为"为伟人撑一把伞"是最好的保护思路和方式。

② 在雕像每日对公众展示的前提下，应明确保护设施常设状态与收放时间的频次数量（包括日频次与年频次），以及收放时棚架材料的放置方式。

③ 细化设施收放的技术措施，提高可操作性（主要针对方案2、3）。

④ 对4个方案的具体评议：

方案1—层叠：保护设施常态为棚架形象，构架杆件分布较密，体量较突出，虽然对下部杆件做了相应减少（上大下小），架杆依然张扬，与环境不够协调。阳光照射下杆件光影还会反射到雕像脸上和身上，产生负面效果。

方案2—开合之间：保护设施为尖顶龛的形象，平时开启正面，其他面遮蔽，尖顶龛（上小下达）正面龛形较刻板，其他面较繁复，好似人造一座隔离屋，将雕像封闭，与周边环境隔离开来。

方案3—守护之龛：与方案2思路近似，因保护龛的高宽尺度加大，减弱了雕像被封闭束缚之感。如果每日可将升降架便捷降至地下，维持坐像露天展示现状，待特殊天气时便捷升起升降架为雕像遮风避雨，还不失为一种可行的保护措施。百叶挡板和龛的壁板如选用无色透明材料，则与周边绿树环境更显融合。但龛体频繁起落升降将提高技术难度和后续成本，对雕像四周地面、地基也会有干扰和影响。

方案4—绿沉：方案思路是撑一把大伞为雕像遮风避雨，较为合理可行。但设计方案中的装置较繁复，未体现打伞，不能开敞展现雕像的完整形象，不够合理。如果伞形保护装置仅树1～2根立杆，遇风雨可撑起遮挡，随时可收放，造型简洁，不遮挡雕像，则会能成为较成功的保护设施。

第 10 章 监测、抢救性保护方法及未来工作展望

10.1 石质文化遗产监测流程及技术体系

10.1.1 监测——从环境到本体

所有建筑材料都会随着时间的推移而风化，历史建筑材料中耐久性最好的天然石材亦是如此。天然石材的风化过程十分复杂，既取决于其各自固有的材料特性，又取决于由风化、有害物质污染和实际建筑结构带来的外部应力。

因此，要找到能够在各种情况下持久保护由天然石材建成的建筑物的材料同样是非常复杂的。使用合适的保护剂和科学的方法，能改善天然石材的状况，减缓其进一步风化的速度。已有大量描述如何针对特殊石材类型及其风化破坏病害选取合适保护剂的论文或专著，但只有极少数涉及长期观察（监测），针对该主题（监测）的系统研究成果更是稀缺。

然而，即使有了精心的策划设计并认真实施了保护措施，风化还是会重新开始并持续发展，因为危害建筑材料耐久性的重要因子全部或至少部分是持续活跃的，特别是温度和湿度的变化、污染物和有害盐类的危害、微生物的定植和机械应力的作用。

为了能够尽早识别并排除有害变化，需要对历史建筑物和文物进行持续观测和监控。类似于卫生保健，很多情况下，早期的发现和对策能够避免，或者说至少能够显著减缓病状加重。监测（也称为系统的定期控制）和伴随的维护工作，对于很多技术设备比如飞机、机动车来说无疑是必需的；而其对于建筑物，尤其是由天然石材建成的艺术品、文物、历史建筑等更是必不可少的。

近年来，国际国内开展了各种文化遗产监测工作，监测从环境转移到本体。

德国的一个研究项目对一系列建筑古迹所实施过的保护措施进行了追踪复查。为此召集了一批石材保护领域经验丰富的科学家和修复专家，成立了一个跨学科项目工作组。项目组完成了三个研究目标：一是开发一个统一的保后监测技术体系，二是评估选定的每个建筑古迹的现状，三是交叉评估常用保护材料的长效性。

技术的迅猛发展，尤其是无损检测技术的进步以及评估、建模方法的改良，使得建筑诊断的可能性不断提高。然而，这些新方法一般只有几年的历史，它们的结果很大程度上和先前方法得出的结果没有可比性。但又因为石质文化遗产的监测必须通过数年甚至数十年较长时间的跟踪评估，所以在本项目中，我们必须选择相对

简单的检测方法，这些方法技术要求低，且在数十年后依然可以以相同或相似的方式使用。此外，研究的重点也要尽量采用无损或微损或非接触式检测方法，以尽可能地减少对需要保护的建筑物和文物造成的损害。

实现项目目标的一个必要前提就是要有统一的技术措施，包括使用统一的检测方法、评估方法、评估标准及文档记录系统。《石质文化遗产监测技术导则》介绍了一些现阶段所取得的部分成果，该书的重点将放在指导如何实施和评估可用于石质文化遗产研究的简单的测量分析方法。与大多数的实验室测试不同，许多现场的测量还未经标准化。因此，遵守这些导则，能使研究人员获得较为可靠的测量结果——这些结果不依赖于天然石材种类、建筑古迹的级别、测量者的专业，故而具有可比性，且适用于长期监测。为了使读者更好地理解，在该书中还提供了一些案例研究。

10.1.2 监测评估技术体系

监测应遵守确定的流程。然而，每次检查结束后，也要复查该流程的完整性和适用性。基本流程可参照（图 10-1）。

（1）整理、审核档案文件，掌握文物的基础数据，复查过去的修缮、保存措施，比较现有文档，等等。形成事实清单作为监测前的基础。例如：宋庆龄陵园内宋庆龄汉白玉雕像的雕刻和落成时间、材料和产地、之前的各项维护措施、陵园管理处对现状的描述等。

（2）现场进行初步的目视检查，了解现状、周边条件（环境、施工情况等），然后制定维修保护草案。选择一处代表性单元作为参照面，在这个部位完成所有记录、检测、分析等工作。监测参照面应具有如下条件：

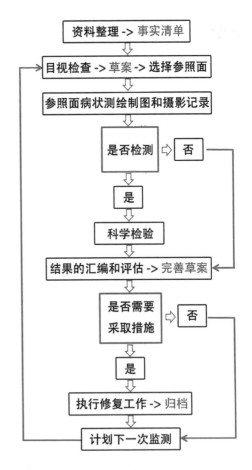

图 10-1　监测流程
图片来源：汤众参照 M. Auras, 2019 的专题报告翻译整理

① 历史资料最丰富；

② 很好的可达性；

③ 病害典型；

④ 测绘检测工作量适中，能够将测点、取样点、特殊参照面表示到图上；

⑤ 时间经济上可行。

（3）对选定的参照面的病状进行测绘制图和摄影记录，分类图示参照面的基础数据和现状，描述病害类型及范围。

（4）根据现场观察和记录的资料分析判断是否需要进一步地做详细的检测。

（5）如果现场情况复杂不能对病害类型、程度等直接做出判断，则需要进行更为细致复杂的自然科学检测。

（6）对现场观察以及可能的各项检测的结果汇编和评估，分级评估自最后一次检查以来的状况变化，复查参照面和监测方法的有效性，确定或复核监测时间间隔，完善维修保护草案。

（7）根据评估结果与业主或物主协调决定是否需要采取干预措施。

（8）如果亟需干预则实施相应必要的修复、保护、保养、维护措施并做好记录和归档工作。

（9）完成本阶段监测或干预措施后做出详细记录和归档工作，作为下一次监测的参考。

（10）计划好下一次监测，特别是在本次监测中已经发现问题但尚未达到必须干预的病害，要作为下一次监测的重点。

石质文物监测宜主要采用简单的测试、记录技术，这些简单的技术容易被不同专业背景的监测人员掌握并重复使用，从而得到可比的成果。在某些情况下，为解释特殊的技术难题，也有必要采用某些高科技手段。但是某些测试方法得到的数据，例如无损检测含水率，和使用的仪器类型有很大关系，所以，有时候几年或几十年的测试数据之间不能保证具有可比性。即使采用简单的测试方法，也需要保证测试时的环境边界条件是相同的，数据解译方法及指标具有可比性。

适宜应用到石质文物监测的检测、测试、研究方法有：

（1）病害分类与图示；

（2）超声波检测法的实施及其结果分析；

（3）毛刷检测法；

（4）粉化定量测定；

（5）钻入阻力检测法；

（6）双轴抗折强度；

（7）毛细吸水性能检测 - 卡斯特法和米洛夫斯基法；

（8）热红外成像法；

（9）共振回声探测棒测空鼓缺陷；

（10）显微镜检测法；

（11）有害水溶盐研究；

（12）石材表面的微生物监测；

（13）粗糙度检测；

（14）可见分光光度法—色值检测。

10.1.3 在宋庆龄汉白玉雕像初步建立的监测体系

10.1.3.1 环境监测

宋庆龄汉白玉雕像在宋庆龄陵园内露天放置所受到最直接的影响就是环境的温湿度变化。陵园内种植有大量绿化，其微环境与外部城市街道还是有所不同，为此有必要对雕像附近的微环境进行监测。

因雕像本体不方便安装监测仪器，选择在雕像后方墓碑上方两侧安装温湿度监测仪器（图 10-2），左右各一，监测雕像周边环境温度、湿度、气压。数据每个月收集一次，每一年进行监测数据汇总与解析。

采集的数据可以制成图表用以观察比较（图 10-3—图 10-6）。

图 10-2 环境监测仪器安装
图片来源：周月娥，摄于 2021 年 4 月

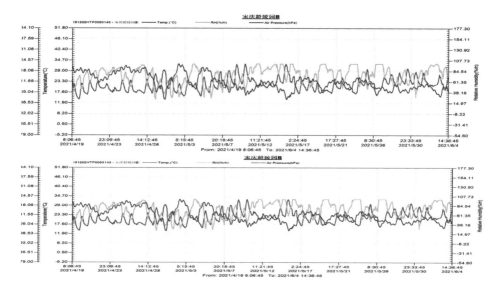

图 10-3　三项监测数据汇总（2021.4.19—2021.6.4）

图片来源：周月娥

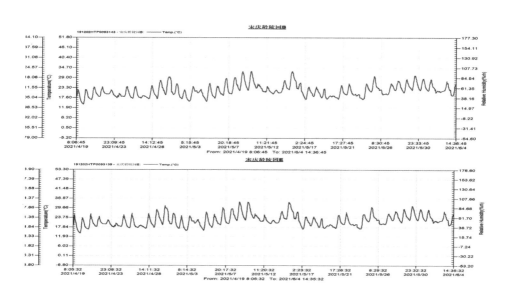

图 10-4　温度监测数据汇总（2021.4.19—2021.6.4）

图片来源：周月娥

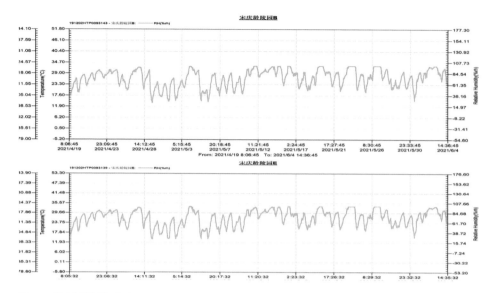

图 10-5　湿度监测数据汇总（2021.4.19—2021.6.4）
图片来源：周月娥

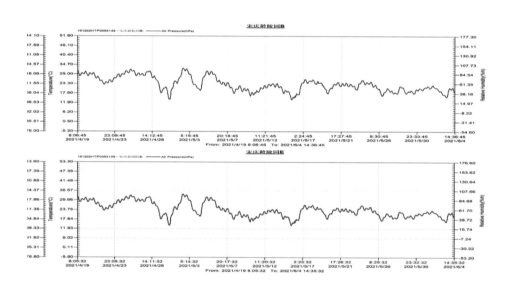

图 10-6　气压监测数据汇总（2021.4.19—2021.6.4）
图片来源：周月娥

根据 2021 年 4 月 19 日至 6 月 4 日的监测数据汇总发现（表 10-1）：

由于间隔距离小，东、西两侧温湿度记录仪监测的数据非常相似，不过两处同时监测课以防其中一个出错时造成监测中断，相当于是一种备份。

监测环境温度平均为 22.1℃，低值为 13.8℃，高值为 33.2℃；

检测环境湿度平均为 74%，低值为 23%，高值为 100%；

监测环境气压平均为 1011.3 帕，低值为 1000.6 帕，高值为 1022.3 帕。

从上述简单统计可以看出来，环境温度与湿度只是在不到 2 个月的春夏之际其高低值变化都较为明显，根据文献和实验室研究，如此变化容易造成裂隙病害的产生与加剧，需注意对病害长期监测，根据检测结果选择保护方法。

表 10-1 监测数据初步解析

仪器编号	东侧 -B		裂隙深度 H(毫米)	
温度（℃）- 平均	21.9	/	22.2	/
温度（℃）- 最高	32.8	2021/05/10,13:36	33.6	2021/05/09,11:35
温度（℃）- 最低	13.8	2021/04/20,4:06	13.9	2021/04/20,4:35
湿度（RH%）- 平均	74.3	/	72.7	/
湿度（RH%）- 最高	100	2021/04-74 等多天	100	2021/04-74 等多天
湿度（RH%）- 最低	22.7	2021/04/29,14:06	23.4	2021/04/29,13:35
气压（℃）- 平均	1011.3	/	1011.3	/
气压（℃）- 最高	1022.4	2021/05/02,9:36	1022.2	2021/05/02 9:35
气压（℃）- 最低	1000.7	2021/05/15,16:06	1000.5	2021/04/30 18:35

10.1.3.2 无接触监测

相对于计划实施重大修复保护前的全面检测工作，监测工作会较为频繁且会长期重复，这就要求监测方法要对被监测的对象不仅仅是无损，而且还要干扰很少（如:搭建脚手架，图 10-7 左），最好是没有直接的接触。宋庆龄陵园内的宋庆龄汉白玉雕像连基座总高度近 4 米，外围还有绿化并经常会满铺鲜花（图 10-7 右），更是不方便随时接近。而且监测是一项需要长期持续进行的工作，不宜过于专业和复杂，要将来有可能由文物管理方面或专业服务机构实施。数码摄影属于其中一项相对较为简单的无接触监测方法。

在完成详细检测并实施一次维护措施之后，从已经做过的各项检测工作中，选择无接触的数码摄影以每 2～3 个月一次的频率对雕像整体、重要部位和裂隙进行持续监测。2021 年保养维护结束，在拆除脚手架后第一时间对雕像本体进行立面、细部、裂隙进行拍摄，作为后期追踪评估的基础资料（图 10-8）。

图 10-7　雕像被脚手架（左，2021 年 4 月）和鲜花（右，2021 年 6 月）环绕的状态
图片来源：周月娥

图 10-8　多角度拍摄
图片来源：黎静怡、汤众，摄于 2021 年 4 月

拍摄分为 7 个方向 3 个层面: 因雕像背后有高大松柏作背景, 拍摄方向有雕像的左、右后侧方 (图 10-9); 左、右侧方 (图 10-10); 左右前侧方 (图 10-11); 正前方 (图 10-12) 这 7 个方向。其中每个方向又使用全画幅相机 85 毫米中焦镜头满画幅拍摄雕像整体; 使用 300 毫米长焦镜头拍摄雕像局部 (图 10-13); 使用 105 毫米微距镜头拍摄被修补后的裂隙 (图 10-14) 这 3 个层次。

图 10-9　雕像左后侧方 (左) 与右后侧方 (右)
图片来源: 汤众, 摄于 2021 年 6 月

图 10-10　雕像左侧方 (左) 与右侧方 (右)
图片来源: 汤众, 摄于 2021 年 6 月

图 10-11　雕像左前侧方 (左) 与右前侧方 (右)
图片来源: 汤众, 摄于 2021 年 6 月

图 10-12　雕像正前方 (作者摄于 2021 年 6 月)
图片来源: 汤众, 摄于 2021 年 6 月

图 10-13　使用 300 毫米长焦镜头拍摄雕像局部 (头部右后侧, 修补后裂隙)
图片来源: 汤众, 摄于 2021 年 6 月

图 10-14　使用 105 毫米微距镜头拍摄被修补后的裂隙 (RL3, 右侧腿部)
图片来源: 汤众, 摄于 2021 年 6 月

监测拍摄的频率为2～3个月1次，每次都是以相同的设备、位置和方式进行，使得所拍摄的照片可以互相参考对比（图10-15），及时了解雕像及保护措施的变化，为评估"牺牲性保护"耐久性研究提供基础资料，协助确定后期维护保养的范围和程度。

图10-15　2021年4月（左）、6月（中）、9月（右）三次监测对比
图片来源：汤众

10.1.3.3　监测信息系统

监测是文物保护过程中必不可少的工作，也是文物保护流程中评估（Assessment）、干预（Intervention）和监测（Monitoring）循环，即"AIM循环"（见第1章1.3节）中极为重要的环节。宋庆龄陵园管理处通过这次宋庆龄汉白玉雕像的整套AIM工作，充分认可"AIM循环"和"牺牲性保护"理念，正积极与文物保护专业机构合作，计划对整个园区内所有文物和重要的纪念物建立起一整套管理系统。这也将相关的检测、评估、研究、实验、试验与设计工作推广至园区内的其他对象。

长期对园区内多个对象进行多项目的监测，会产生大量的数据。为了安全存储管理监测数据，也为了便于查询、统计和分析，并对监测结果进行汇编和评估，需要建设一套较为完整的数字信息化监测系统。其中除了结构化的如由传感器采集的温湿度数据以外，还有大量文本、图像、图纸等非结构化数据，另汉白玉材质的文物、纪念物和重要装饰物散布于园区各处，还需要结合位置信息，以类似GIS（Geographic

Information System，地理信息系统）方式管理和分析数据。

监测数据还具有大数据属性，并不是仅仅因为其数据量大，而是因其类型丰富。因此对监测数据的分析也可分为描述性分析（Descriptive Analytics）、诊断性分析（Diagnostic Analytics）、预测性分析（Predictive Analytics）和规范性分析（Prescriptive Analytics）。描述性分析是对历史数据进行统计和分析，如温湿度数据经统计就可以描述出文物所处环境的温湿度分布与变化。诊断性分析主要目的是探索事物背后的原因。将描述性分析获得的数据再经建立数学模型，就可能发现病害与多项环境状态及其变化之间的因果关系。通过诊断性分析建立的各类监测数据之间的数学模型，可以输入假设的监测数据（未来可能发生或某些极端状况），就可以预测遗产建筑本体会呈现怎样状态或发生怎样的变化。在更大范围内分析更多监测数据的预测性分析数据，可能探寻到病害与环境之间相互作用规律，为研究干预手段指定一定的规范起作用。

通过建立一个专业的园区文物监测信息系统，应用多项数据库技术，将这些监测数据进行长期记录存储，并可以根据病害类型、部位、监测时间等将数据进行综合分析比较，就可以做到对雕像各种病害的状态动态跟踪，从而经科学评估以决定干预的时机、内容和程度。

10.2　基于宋庆龄汉白玉雕像研究成果的类似汉白玉雕像的抢救性保护工艺建议

除了在上海宋庆龄陵园内的这尊宋庆龄汉白玉雕像外，在上海宋庆龄故居纪念馆、中国福利会（上海）和重庆宋庆龄旧居陈列馆还有三尊宋庆龄的汉白玉雕像也较为瞩目（图 10-16）。由于也是露天置于室外，同样亟需得到研究保护。其中，中福会（上海）的宋庆龄雕像于 2022 年 1 月在本书稿完成前进行了保养。基于现有的研究成果和成熟的材料，提出了适用大部分雕像抢救性保护的技术方法，期望能保障众多的汉白玉雕像健康，特别是改革开放后雕刻展示的很多还没有被登录为文物的雕像（图 10-17）。

图 10-16 上海宋庆龄故居（左）、中国福利会（中）和重庆宋庆龄旧居（右）雕像
图片来源：戴仕炳等，摄于 2022 年

图 10-17 习仲勋陵园内的习仲勋石刻坐像
图片来源：汤众，摄于 2017 年 11 月

10.2.1 中福会宋庆龄雕像维护工作（2021 年 12 月—2022 年 1 月）

中国福利会由宋庆龄创建，现址为上海市徐汇区五原路 314 号。在其办公楼前就有一尊宋庆龄半身汉白玉雕像（图 10-18）。雕像本身不属于文物，也没有设置基座，直接放置在院子草坪里的土地上（据说借用了原喷水池的基础）。由于地面水分可以直接被吸收延伸到雕像，因此雕像上特别是下半部分被青苔侵染严重，而上半部分也因为灰尘雨水等影响污染严重（图 10-20 左）。

因为中国福利会与宋庆龄陵园所处环境差异不大，同在一个城市且都处于市区内，两地距离不到 5 千米。经过初步勘察（图 10-19），确认之前基于宋庆龄陵园的研究和实验的结果以及维护保养的材料和方法是可以通用的。只是中国福利会的这尊宋庆龄汉白玉雕像的微生物病害更为严重，需要花费更大的努力在于清洁上。

图 10-18　中国福利会办公楼前宋庆龄半身汉白玉雕像
图片来源：汤众，摄于 2022 年 1 月

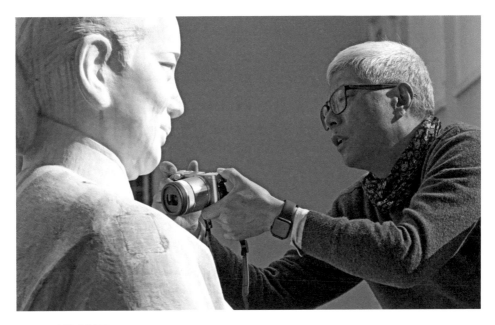

图 10-19　雕像病状记录
图片来源：汤众，摄于 2021 年 12 月

经过评估检测，借鉴对宋庆龄陵园内宋庆龄汉白玉雕像的工作成果，于 2022 年 1 月完成了一次抢救性的维护保养，使得雕像暂时初步恢复了洁白如玉的外观效果（图 10-20 右）。后续还需要评估和持续地监测，建立起针对中国福利会宋庆龄汉白玉雕像的"AIM 循环"机制。

10.2.2 类似露天汉白玉雕像抢救性保护（保养维护）方法

根据上海宋庆龄汉白玉雕像的修复结果和实验研究初步成果，对露天的汉白玉雕像，特别是保护级别不高，但是又急需进行维护的汉白玉雕像的抢救性保护方法提出如下建议。

1. 清洁

（1）去除现有的涂料 / 密封剂：由于大部分汉白玉历史上均刷涂过密封剂或者防风化材料，这类材料必须去除，去除的同时不能损坏汉白玉。 可以采取剥落方法， 即刷涂膏状中性脱漆剂， 用量为 0.2 ～ 3 千克 / 平方米，等待 1 ～ 5 小时，

图 10-20 被青苔侵染和灰尘雨水污染的雕像（2021 年 12 月）及抢救性保护后（2022 年 1 月）
图片来源：汤众、周月娥

采用去离子水或者蒸汽清洁机去除。同时去除裂缝的苔藓等 如果有残余涂料或苔藓，重复刷一遍膏状中性脱漆剂， 再采用蒸汽清洁机去除。

（2）采用去离子水清洗至少 2 遍； 电风扇或自然通风使雕像干燥。

（3）杀灭微生物：采用 75% 酒精淋透雕像，等表干，淋低浓度微纳米石灰 3 ～ 5 遍，间隔 0.5 ～ 1 小时，浓度由低（如 10 克 / 升） 到高 （如 50 ～ 100 克 / 升）。

（4）雕像表面包裹（去除盐分的）脱脂棉或包医用纱布，喷去离子水湿透，再采用塑料薄膜全包裹，保湿养护至少 2 天。

（5）如有盐分或采用医用纱布覆盖，施工排盐纸浆，厚 10 ～ 20 毫米，7 ～ 14 天纸浆干透后剥落。

2. 开裂黏结

（1）拆除包裹后如果裂缝有苔藓残留，采用竹刀手工清理干净， 再采用无水酒精清洗后用汉白玉修补剂填补， 每间隔 30 ～ 50 毫米留注射孔。

（2）开裂表面先采用微纳米石灰添加汉白玉粉配制的修补剂填补平整， 留注射头。

（3）从注射头注射少量无水乙醇，等 1 ～ 5 分钟注射中等浓度微纳米石灰如 NML-100， 重复多次达到饱和直到饱满；取决裂缝大小。

（4）裂缝修补部位再采用脱脂棉敷贴喷去离子水养护 48 小时。

3. 深层固化（改性正硅酸乙酯法）

采用改性正硅酸乙酯深层固化是一种不可逆但是可再处置的增加严重劣化汉白玉强度但是基本不改变汉白玉颜色的方法。是否需要深层固化取决于雕像或者汉白玉构件是否劣化到中等 - 严重程度，或者单纯采用微纳米石灰达不到固化劣化严重的汉白玉的效果。使用该方法要求材料渗透到未风化的汉白玉中， 处置不当（如用量不够等）会导致表层强度过高或达不到增强效果等。使用时汉白玉的相对含水率要低于 60%），在初始固化期间（一般 24 小时）基材不能结露！材料空气及石材的温度位于 8 ～ 25℃（空气及雕像表面温度最高不超过 30℃）。固化后颜色会加深，暂时的，只要按照工艺要求施工，大概 4 ～ 8 周恢复原有颜色。大概前 8 周具有憎水效果，8 周后消失。

方法：雕像整体淋 Remmers KSE300HV 3 ～ 5 遍（湿对湿，间隔 10 ～ 30 分钟）达到饱和或者薄膜包裹后点滴法固化。

4. 抑制微生物

（1）每隔 1 年左右喷淋乙醇（75% 浓度）和低浓度微纳米石灰。

（2）或者在深层固化后（0.5～1 时内）采用光触媒纳米二氧化钛与改性正硅酸乙酯复合制剂，最后整体表面再喷淋一遍无水乙醇或正硅酸乙酯专用清洁剂清洗表面。

上述建议需要根据保护等级、劣化特征、展陈环境、能够采购到的材料种类、施工人员的技术水平、工程管理要求等等进行优化。更加科学精准的工艺也只有在完成本章 10.3 节的科学研究后才能得到制定。

10.3 汉白玉保护研究展望

尽管本团队在对上海宋庆龄汉白玉雕像的保护工作过程中进行了一系列的包括基础性的研究，但是汉白玉的保护研究仍然任重道远。一方面是汉白玉劣化记录的科学研究，另一方面是不同气候条件下汉白玉劣化机理研究，减缓劣化症状及预防性保护技术以及耐久性研究刻不容缓。

10.3.1 汉白玉劣化现状及机理的深入研究

本书在对宋庆龄陵园汉白玉雕像保护研究发现，与砂岩质文物相比，汉白玉质文物从劣化表层到内部的变化，特别是从岩相学、材料学、化学等角度阐述劣化的特征与分布目前缺乏研究成果。这主要是大量的汉白玉雕刻属于重要的艺术品，或者为珍贵文物，不许可做有损研究有关。为此，本书特意购置了原产于北京房山的旧汉白玉雕像，观察劣化，并将做有损检测，同时也可以作为教学实验材料（图 10-21）。

初步观察，南北方的汉白玉劣化特征不一，北方开裂及砂糖化明显（图 10-22），而南方的苔藓、开裂及溶蚀为主（图 10-23）。导致这一差别的原因需要查明。现在看来剧烈温差等导致的机械变形是汉白玉发生毁灭性破坏的主要或者是诱发原因，对比不同方向的汉白玉的温差及与变形的关系或许能为未来设计最佳的保护方案提供科学理论基础。

汉白玉劣化后形成水溶盐，累积会对汉白玉产生持续破坏。无损评估水溶盐含量及类型的技术也需要开发。

微生物对汉白玉破坏机理研究尤其重要，这需要和保护技术开发结合一起。研

图 10-21 用于观察劣化及为将来进行有损实验的汉白玉雕像（雕刻于 2000 年前后，2021 年 10 月安置在同济大学文远楼顶层）

图片来源：汤众，摄于 2021 年 10 月

图 10-22 北方干燥气候下面目全非的石狮（可能为清代）

图片来源：汤众，摄于 2019 年 7 月

图 10-23 中国福利会（上海，院内石狮，可能为 20 世纪 20 年代）

图片来源：周月娥，摄于 2021 年 12 月

究内容包括但是不限于微生物的类型、在雕像表面的分布及生长规律，杀灭及抑制方法及各种方法的适用性等。

10.3.2 保护技术研究

汉白玉是钙镁碳酸盐矿物为主，含少量石英、白云母等的孔隙率极低的材料，其保护技术的研究成果和当今的文物保护需求不匹配。极低的孔隙率及而大部分的汉白玉雕像为体量比较小的单体，业主单位很难有充足的资金完成基础性研究。

10.3.2.1 保护材料的深化研究

1. 砂糖状劣化汉白玉的固化研究
由于砂糖状劣化的汉白玉分白云石颗粒之间发生微小的脱离，劣化后孔隙率增加不明显，只表现在超声波波速的降低比较明显。发生这样劣化的汉白玉极其脆弱，除了采用牺牲性保护层保护表面外，也应该尝试高渗透性的固化保护。现有的研究结果发现采用微纳米石灰与改性正硅酸乙酯可以适度增加此类劣化汉白玉的强度（见第 6 章），实施的边界条件、耐久性等等需要系统研究。

2. 纳米石灰的碳化过程及影响因素研究
初步研究发现，不同处理方式的汉白玉，碳化现象、程度等不同（图 10-24），不同的碳化程度与保护的耐久性有关。采用干冰进行的快速碳化是否能不影响最终稳定的方解石的结晶又能有效的缩短工期的办法也需要实验。

3. 抑制苔藓等微生物生长的光触媒保护材料及工艺的开发
在第 2 章已经讨论，汉白玉的典型性病害之一是微生物。采用涂刷微纳米石灰制造出碱性环境，可以抑制微生物

图 10-24　不同浓度的微纳米石灰碳化现象及过程
图片来源：戴仕炳，摄于 2022 年 2 月

生长，但是，当石灰碳化变中性后，抑制微生物生长的能力降低。在上海气候环境下，耐久性可以保持1年左右。另外一种可能性是采用纳米二氧化钛结合表层固化来制造一个长期耐久的抑制微生物生长的表面结构。在第7章对开展的光触媒抑制微生物的初步成果进行了初步总结，效果需要跟踪，这些技术需要类似环境的实验并评估其副作用后才能应用到类似宋庆龄汉白玉雕像上。

10.3.2.2　负压保护技术的开发

负压保护技术，又称"真空循环加固法 Vacuum Circulation Process"，是将密封的文物构件抽真空后将固化剂注入到能够达到的深度而达到固化劣化严重的重要文物。研究表明（H Siedell, J. Wichert 和 T Fruehwirt, 详细资料：www.atelier-pummer.at），"真空循环加固法"可以将增加固化剂的渗透深度而避免表面固化过度，也使固化后的强度梯度更平缓。中国还缺乏这类技术，非常有必要进行开发（图10-25）。

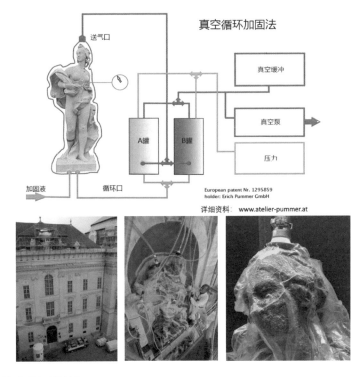

图 10-25　真空循环加固方式示意图
图片来源：钟燕，2018 年

10.3.3 保护性建筑内外环境实景研究

由于导致汉白玉劣化的主要原因是冷热变形（见第 2 章 2.1.3 节），可以想象，宋庆龄汉白玉雕像未来在剧烈的气候下应该位于一个（临时或半固定性）保护性建筑中，但是需要在第 9 章的基础上，基于文物保护的基本准则，选择一种类型进行在保护性建筑下本体微环境的变化研究，在汉白玉劣化机理研究成果基础上，确定合理的构造及日常管理方式。

10.3.4 管理及最佳维护保护工期的研究

由于宋庆龄汉白玉雕像是最具标志性的文物的重要组成部分，重要的节庆日在宋庆龄雕像广场前均会举办各种不同的活动，常规保养又是为这些活动做准备。最佳时间节点及工期需要在对目前保养维护的效果评估、保养维护所需时间、环境监测的温湿度及降雨等分析后进行系统总结。

从文物安全及缩短工期角度，也有必要定制专用的脚手架。

附录1：汉白玉等无机材料表面粉化度半定量测定方法

重要的石、砖、土质文化遗产，如石雕、砖雕以及历史建筑墙面上的标语、壁画等，在自然劣化过程中会发生表面粉化。但是，如何定量测定表面粉化程度，目前并没有相应的方法。如果能够定量测定粉化，一方面可以评估砖石质等文化遗产的表面劣化程度，另一方面也可以定量监测、评估表面固化等技术措施的质量及其耐久性。

而现有的可以借鉴的表层粉化测定方法，如 DIN EN ISO 2409 及《色漆和清漆漆膜的划痕实验 GBT 9286—1998》规定了油漆涂层附着力的划格法测定方法（所谓百格法），但此种方法为定性判断，不能进行定量判断。

ISO8502-3 标准中，确定了涂装前钢材表面上的灰尘评定标准，此标准规定采用照明放大镜 10x，定性评估待涂装表面灰尘颗粒的数量和大小，此种方法也是非定量的。在德国开展的石质文化遗产保护监测研究课题中，K.Kirchner 和 J.Zallmanig 提出了利用胶带纸测定粉化石材表面附着力的方法（见 M. Auras 等主编 Leitfaden Naturstein-Monitoring, Fraunhofer IRB Verlag, 2011, P. 58-64），此方法的原理为测定胶带在粉化表面上的抗下坠能力，但没有直接反映粉化程度。

为了克服上述现有技术存在的缺陷，同济大学历史建筑保护实验中心开发了一种操作简单，能快捷高效地定量测试无机非金属材料表面粉化程度的方法。该方法具体包括以下步骤：

（1）先取玻璃载片，并清洗干净，干燥后，将附着力测试胶带平铺于玻璃载片上，并用百格刀切割附着力测试胶带，用镊子将切割后的附着力测试胶带置于天平中，称量，记录数据，再重复 2 次，取 3 次数据的平均值，即得到空白胶带质量 M_0；

（2）将步骤（1）玻璃载片重新清洗干净，干燥后，再将附着力测试胶带平铺于玻璃载片上，并用百格刀切割附着力测试胶带，用镊子将切割后的附着力测试胶带粘于待测试的材料表面上，并用碾压滚轮来回碾压多次，直至压平附着力测试胶带，使之完全贴合在材料表面上，再用镊子将附着力测试胶带揭取下来，置于天平中，称量，记录数据，再重复 2 次，取 3 次数据的平均值，即得到粉化测试后胶带质量 M_n；

（3）计算质量差值及每平方厘米被粘取下来的粉料质量，计算公式如下：

$$\varepsilon = (M_n - M_0) / S$$

ε：单位面积粉化程度，毫克／平方厘米；

M_n：粉化测试后胶带质量，毫克；

M_0：空白胶带质量，毫克；

S：测量面积，平方厘米。

步骤（1）所述的玻璃载片采用脱脂棉沾无水酒精进行清洗。

所述的附着力测试胶带为 3M 600 型附着力测试胶带，并且所述的附着力测试胶带宽为 19 毫米，黏着力为 (10±1) 牛 /25 毫米。

所述的百格刀的刀片割刃间距为 30 毫米。

所述的碾压滚轮的辗压荷重为（2000±50）克。

所述的镊子为尖头防静电镊子。

所述的玻璃载片无点状缺陷、线道、划伤以及裂纹。

所述的天平为精密电子分析天平，该精密电子分析天平的精度为 0.1 毫克。

误差估计：

（1）系统误差

附着力测试胶带黏性可能会受外界温度、湿度、压力等因素影响，黏着力变化而造成实验误差。

实验仪器和工具自身存在一定误差，实验室内和现场的风压等因素影响高精度分析天平的测量数据。

操作过程中产生的误差，如撕取附着力测试胶带的角度、方向等，以及手指接触附着力测试胶带或镊子镊取附着力测试胶带时可能对附着力测试胶带产生污染等均会影响对实验结果准确性。

（2）精确度

由于附着力测试胶带本身质量较轻，而待测试材料的表层粉化程度不一，所以为保证实验结果准确，则需要精度较高的电子天平，数据记录应精确至 ±0.1 毫克，测量精度要在 ±0.02 毫克 / 平方厘米。

由于产生误差的因素较多，实验应多次测量取平均值，并标定最大值和最小值。

与现有技术相比，本技术使用标准尺寸的附着力测试胶带（S=1.9 厘米 ×3.0 厘米）对无机非金属材料表面进行粘取，通过精密电子天平称量计算前后质量差值，并计算每平方厘米被粘取下来的表面粉末重量，以测定表面粉化程度，同时，本方法定量测试粉化程度的方法便于操作，设备便于携带，实验数据也易于处理，实验结果定量化并可快速获得。

粘结在胶带上的粉末可以在立体显微镜下观察，可以定性确定组分等为评估提供基础资料。

附录 2：实验及保养维护采用的材料性能简介

1. 排盐纸浆：主要由纯天然木纤维和去离子水组成，根据无机多孔材料孔隙特征设计干湿纸浆附着力和纸浆内部孔隙结构。湿纸浆具有很好的敷贴性能，可有效激活迁移水溶盐至纸浆内部，纸浆干燥后可很容易的脱离基层，避免造成污染和二次清洁。

2. 脱漆膏（Eastrip 或 Remmers AGE）：对汉白玉等不产生腐蚀的中性膏状脱漆剂，有较长的接触时间，软化并去除涂料或密封剂等有机材料，用量为每次 0.1 ～ 0.3 千克 / 平方米。

3. 微纳米石灰：采用 "top-down" 方法生产的氢氧化钙的醇分散体，乳白色液体，氢氧化钙粒径范围在 200 ～ 2 000 纳米，含量为 10 ～ 300 克 / 升不等。用于表面固化或者裂隙预注射的微纳米石灰 NML-010，其氢氧化钙固含量为 5 克 / 升，用于注浆粘结的 NML-300 是氢氧化钙固含量在（260±20）克 / 升的分散体。NML-010 和 NML-300 可以无限混合。使用时摇晃均匀， 或采用小型分散机分散 3 ～ 5 分钟。表面用量为每遍 0.1 ～ 0.3 升 / 平方米。

4. 纳米石灰（如 CalosilE50）：采用 "bottom-up" 方法合成的纳米氢氧化钙的醇分散体，乳白色液体，氢氧化钙粒径范围为 5 ～ 200 纳米，含量约 50 克 / 升不等。用于表面固化或者裂隙预注射的微纳米石灰。表面固化用量为每遍 0.1 ～ 0.3 升 / 平方米。

5. KSE 增强剂 OH300：正硅酸乙酯材料，密度约 1.0k 克 / 升（20℃），有效含量 ≥ 99%，凝胶生成率约 30%。适用于无机多孔材料的增强加固。

6. KSE300HV：添加界面剂的改性正硅酸乙酯材料，密度约 0.97 克 / 升（20℃），有效含量 ≥ 98%，凝胶生成率约 30%。适用于碳酸盐质无机多孔材料的增强固化。

7. 弹性正硅酸乙酯（KSE300E, KSE500E, KSE500STE）：在单个硅酸乙酯分子间嫁接大概 1% 有机基团的正硅酸乙酯。KSE300E 和 KSE500E 的凝胶生成率约 30% 和 50%，而 KSE500STE 含有超细二氧化硅等无机填料，可以用作开裂岩片粘结或修补的黏合剂。

8. 文保专用凝胶：主要由天然橡胶组成，具有适中的物理黏附力，橡胶中复合易于生物降解的络合剂，可软化表面污染物，结合物理黏附力，达到表面的无水清洁。

参考文献
References

参考文献（中文）

[1] 中共中央党史研究室. 为建立新中国奋斗——纪念宋庆龄同志诞辰 120 周年 [EB/OC]. 人民网 - 人民日报 .http://theory.people.com.cn/n/2013/0125/c148980-20321366.html，2013.

[2] 中国宋庆龄基金会. 宋庆龄同志生平简介 [EB/OL].http://www.sclf.org/sqljng/spjj/200911/t20091101_6414.htm，2009.

[3] 蔡素德，罗明. 酸雨对汉白玉的危害研究 [J]. 重庆环境科学，1994，16（4）：1-4，11.

[4] 戴仕炳，钟燕，胡战勇. 灰作十问——建成遗产保护石灰技术 [M]. 上海：同济大学出版社，2016.

[5] 戴仕炳等. 历史建筑外饰面清洁技术 [M]. 上海：同济大学出版社，2019.

[6] 戴仕炳，胡战勇，李晓. 灰作六艺 - 文化遗产保护传统石灰技术体系 [M]. 上海：同济大学出版社，2021.

[7] 戴仕炳，张鹏. 历史建筑材料修复技术导则 [M]. 上海：同济大学出版社，2014.

[8] 戴仕炳，朱晓敏，钟燕等. 历史建筑外饰面清洁技术 [M]. 上海：同济大学出版社，2019.

[9] 郭艳敏，高峰. 汉白玉防风化保护材料研究 [J]. 中国文物科学研究，2007，4（4）：47-47.

[10] 韩冬梅，郭广生，石志敏等. 化学加固材料在石质文物保护中的应用 [J]. 文物保护与考古科学，1999（2）：41-44.

[11] 贺章，不可移动文物劣化状况的定量评价方法研究 [D]. 杭州：浙江大学，2017.

[12] 黄继忠，袁道先. 水与盐对云冈石窟石雕的影响初探 [J]. 文物世界，2004，5：61-66.

[13] 金志强，刘立晨. 故宫汉白玉的清洗，防护与修补（一）[J]. 石材，2006（6）：26-33.

[14] 屈松. 北京地区大理岩石质文物病害机理及风化程度评价体系研究 [D]. 北京：北京化工大学，2018.

[15] 李宏松，刘成禹，张晓彤. 两种岩石材料表面剥落特征及形成机制差异性的研究 [J]. 岩石力学与工程学报，2008，27（S1）：2825-2831.

[16] 李治国. 云冈石窟科技保护研究五十年 [J]. 文物世界，2004（5）：3-7.

[17] 李杰. 古建筑石质构件健康状况评价技术研究与应用 [D]. 北京：北京化工大学，2013.

[18] 李胜荣，许虹，申俊峰. 结晶学与矿物学 [M]. 北京：地质出版社，2008.

[19] 刘强，张秉坚，龙梅. 石质文物表面憎水性化学保护的副作用研究 [J]. 文物保护与考古科学，2006，18（2）：1-6.

[20] 刘绍军. 研究关键技术推进石质文物的科学保护——"十一五"国家科技支撑计划课题"石质文物防风化保护和施工工艺研究"成果 [J]. 科技成果管理与研究，2013，8：84-86.

[21] 陆军. 20 世纪中国雕塑 [J]. 美术观察, 1999（12）：52-55.

[22] 陆寿麟，梁宝鎏，程昌炳. 故宫博物院中汉白玉构件风化研究 [J]. 故宫博物院院刊, 2001（1）：88-92.

[23] 韩冬梅，郭广生，石志敏，等. 化学加固材料在石质文物保护中的应用 [J]. 文物保护与考古科学, 1999, 11（2）.

[24] 王丽琴，党高潮，赵西晨，等. 加固材料在石质文物保护中应用的研究进展 [J]. 材料科学与工程学报, 2004, 22（5）.

[25] 马易敏. 不可移动石质文物污染物清洗技术和可溶盐破坏机理研究 [D]. 杭州：浙江大学, 2014.

[26] 戴仕炳，等译. 石质文化遗产监测技术导则 [M]. 上海：同济大学出版社, 2020.

[27] 孟冬青，葛长峰，李怀永. 北京房山大石窝地区汉白玉特征及成因探讨 [J]. 中国非金属矿工业导刊, 2017（4）：33-37.

[28] 曲亮，朱一青，王时伟等. 故宫建福宫石质文物保存状况的评价研究 [J]. 文物保护与考古科学, 2012（2）：6-13.

[29] 史宁昌，王迅，张存林. 热红外波成像技术在文物保护修复中的应用 [J]. 中国国家博物馆馆刊, 2017, 5：149-157.

[30] 谭朝洪，李海燕，张晓然，等. 碳酸盐岩石质文物的酸雨风化机理及其控制技术浅析 [J]. 自然与文化遗产研究, 2019, 4（8）：33-38.

[31] 汤众，戴仕炳. 宋庆龄雕像现状勘察技术与方法 [C]. 2019 年中国建筑学会建筑史学分会年会暨学术研讨会, 2019.

[32] 王时伟. 紫禁城文物建筑石质构件清洗试验报告 [C]. 中国文物保护技术协会第二届学术年会论文集, 2002.

[33] 王时伟，朱一青，曲亮，等. 故宫石质文物保护技术研究——以建福宫石质文物保护为例 [J]. 故宫博物院院刊, 2008（6）：10.

[34] 王恩铭. 天坛石质文物保护研究 [c]// 中国紫禁城学会论文集第八辑（下）. 中国紫禁城学会, 2012.

[35] 王丽琴，党高潮，赵西晨，等. 加固材料在石质文物保护中应用的研究进展 [J]. 材料科学与工程学报, 2004, 22（5）：778-782.

[36] 王麒，安程. 以病害劣化为核心的石质文物监测思路探索——以北京地区汉白玉石质文物监测为例 [J]. 中国文化遗产, 2018, 86（4）：46-50.

[37] WHITRAP 苏州，戴仕炳. 文化遗产保护技术 - 第一辑：石灰与文化遗产保护 [M]. 上海：同济大学出版社, 2021.

[38] 肖亚. 石质文物用纳米氢氧化钙粉体制备及其在云冈石窟的应用 [D]. 哈尔滨：哈尔滨工业大学, 2012.

[39] 杨更社，蒲毅彬，马巍. 寒区冻融环境条件下岩石损失扩展研究探讨 [J]. 实验力学, 2002, 17（2）：220-226.

[40] 杨曦光. 北京大理岩石质文物风化机理研究 [D]. 北京：中国地质大学, 2016.

[41] 姚金凌．宋庆龄陵园 [J]．建筑学报，1991，4：48-50．

[42] 叶嘉成，张中俭．北京大理岩物理力学参数的相关性研究 [J]．工程地质学报，2019，27（3）：7．

[43] 周晓萃，王含，张娟，等．酸雨对寺庙建筑物表面材料腐蚀的形态模拟研究 [J]．北京师范大学学报（自然科学版），2007，43（6）：670-672．

[44] 张秉坚．古建筑与石质文物的保护处理技术 [J]．石材，2002，8：32-36．

[45] 张德蒂．东方的邀请——雕塑创作风格探索点滴 [J]．美术研究，1986，2：6-9．

[46] 钟燕，戴仕炳．初论牺牲性保护：建成遗产保护实践中的一种科学意识与策略 [J]. 中国文化遗产，2020，3：37-42．

[47] 张涛，黎冬青，张中俭．北京汉白玉石质文物的病害类型及病害机理研究 [J]．工程勘察，2016，44（11）：7-13．

[48] 张中俭，杨曦光，叶富建，等．北京房山大理岩的岩石学微观特征及风化机理讨论 [J]．工程地质学报，2015，23（2）：279-286．

[49] 中华人民共和国国家质量监督检验检疫总局 .GB/T 33289 – 2016：馆藏砖石质文物保护修复记录规范 [S].2016．

[50] 国家文物局．WW/T 0007-2007：石质文物保护修复方案编写规范 [S].北京；文物出版社，2008．

[51] 国家文物局．WW2020-006-T: 文物脱盐处理规范，第四部分: 砖石质文物 [S]（征求意见稿）。

[52] 中国工程建设标准化协会．超声法检测混凝土缺陷技术规程 [S]. CECS 21 – 2000．

[53] 乔欣元．CO_2 浓度对氢氧化钙碳化性能的影响 [J]. 广州化工，2015，43（15）：3．

[54] 中华人民共和国国家质量监督检验检疫总局 .GB/T 30688 – 2014：馆藏砖石文物病害与图示 [S].2014．

[55] 百度百科．Lab 颜色模型 [EB/OL].https://baike.baidu.com/item/Lab 颜色模型 /3944053．

[56] 中华人民共和国住房和城乡建设部 .JGJ125 – 2016：危险房屋鉴定标准 [S].2016．

[57] 国家质量技术监督局 .GBT9286 – 1998：色漆和清漆漆膜的划格实验 [S].1998．

参考文献（英文和德文）

[58] Adolfs, N. C.. Die Anwendung von Calcium-hydroxidSol als Festigungsmittel fuer historische Putze – erste Versuche und deren Überprüfung[D], Diplomarbeit. Institut für Restaurierungs- und Konservierungs-wissenschaften, Fachhochschule Köln, Cologne Institute ofConservation Sciences, 2007.

[59] Bass, A. Design and evaluation of hydraulic lime grouts for in situ reattachment of lime plaster to earthen walls [D]. Philadelphia, PA: University of Pennsylvania, 1989.

[60] Biçer-Simsir, B., and L. Rainer. Evaluation of lime-based hydraulic injection grouts for the conservation of architectural surfaces [M]. A manual of laboratory and field test methods. Los Angeles, CA: The Getty Conservation Institute, 2011.

[61] Bordi, Agata, Matteini, Mauro and Francesca Piqué. 2-step DAP consolidation of marble busts on the facade of Lugano's Cathedral [C]. Siegesmung, Siegfried and Bernhard Middendorf (Eds.): Monument Future - Decay and Conservation of Stone Proceedings of the 14th International Congress on the Deterioration and Conservation of Stone. Halle (Saale): Mitteldeutscher Verlag GmbH, 2020.

[62] Borsoi, G., Lubelli, B., van Hees, R., et al. Understanding the transport of nanolimeconsolidants within Masstricht limestone [J]. Journal of Cultural Heritage, 2015, 18: 242-249.

[63] BS EN 445-2007. Grout for prestressing tendons – Test methods [S]. London, UK: British Standards Institution, 2007.

[64] BS EN 1015-11-1999. Methods of test for mortar for masonry [S]. Determination of flexural and compressive strength of hardened mortar. Part 11. London, UK: British Standards Institution, 1999.

[65] BS EN ISO 2431-2011. Paints and varnishes – Determination of flow time by use of flow cups. London, UK: British Standards Institution, 2011.

[66] Daehne, A., and C. Herm. Calcium hydroxide nanosols for the consolidation of porous building materials – results from EU-STONECORE [J]. Heritage Science, 2013, 1 (11):1–9.

[67] D'Armada, P., and E. Hirst. Nano-lime for consolidation of plaster and stone [J]. Journal of Architectural Conservation, 2012, 18 (1):63–80.

[68] Dai, S. B.. Building limes for cultural heritage conservation in China [J]. Heritage Science, 2013, 1:25.

[69] DAI Shibing, ZHONG Yan. Sacrificial protection for architectural heritage conservation and preliminary approaches to restore historic fair faced brick façade in China [J]. Built Heritage, 2019, 1:37-46.

[70] Dai, S.B., Fang, X.N., Han, J, et al. Preliminary research on lime-based injection grouts for THE conservation of earthen architectural heritage and ruins[C]. SAHC2014 – 9th Int. Conf. on SAHC, F. Peña & M. Chávez (eds.) Mexico City, MX, 2014.

[71] Daniele, V, Taglieri, G. and R. Quaresima. The nanolimes in Cultural Heritage conservation: Characterization and analysis of the carbonization process [J]. J Cult Herit, 2008, 9:294-301.

[72] DIN EN ISO 2409-2013. Beschichtungsstoffe – Gitterschnittprüfung, European Committe for Standardization, 2013.

[73] Dobrzynska-Musiela, M., Piaszczynski, E., Mascha, E., et al. The Combination of Nanolime Dispersions with Silicic Acid Esters [M]. In Nanomaterials in Architecture and Art Conservation, 2018, 34.

[74] Drdáchy, M., Slížková, Z. and G. Ziegenbalg. A Nano Approach to Consolidation of Degraded Historic Lime Mortars [J]. J. Nano Res. 2009, 8.

[75] Ferreira Pinto, Ana P. and Jose Delgado Rodrigues.. Consolidation of carbonate stones: Influence of treatment procedures on the strengthening action of consolidants [J]. Journal of Cultural Heritage, 2012 ,13: 154–166.

[76] Gerald Ziegenbalg, MilošDrdácký, Claudia Dietze, Dirk Schuch.. Nanomaterials in Architecture and Art Conservation [M]. Singapore: Pan Stanford Publishing Pte. Ltd, 2018.

[77] Giorgi, R., Dei L. and P. Baglioni. A New Method for Consolidating Wall Paintings Based on Dispersions of Lime in Alcohol[J]. Stud. Conserv., 2000, 45:3, 154-161.

[78] IFS-Bericht. Umweltbedingte Gebäudeschäden an Denkmälern durch die Verwendung von DolomitKalk mörteln [R]. Institut für Steinkonservierung e.V. 2003.

[79] ISO 8502-3:2017, Preparation of steel substrates before application of paints and related products　— Tests for the assessment of surface cleanliness [S]. Comité Européen de Normalisation, 2017.

[80] Kneofel, D. & Schubert, P. Handbuch Moertel und Steinergaenzungsstoffe in der Denkmalpflege[M]（文物建筑砂浆与砖石修复材料手册）, Verlag Ernst & Sohn Berlin, 1993.

[81] Lohnas, D. E.. Evaluating the effectiveness of calcium hydroxide nanoparticle dispersions for the consolidation of painted earthen architectural surfaces[D]. Master Thesis, University of CA, LA, 2012.

[82] Ma Hong-lin, Dai Shi-bing, Zhou Yue-e, et al. ULTRASONIC DETECTION ON THE DEPTH OF CRACKS AND DETERIORATION CONDITION OF THE DOLOMITE MARBLE STATUE OF SONG QING-LING [C]. PROCEEDING OF SIEGESMUND, S. & MIDDENDORF, B. (ED.): MONUMENT FUTURE: DECAY AND CONSERVATION OF STONE. PROCEEDINGS OF THE 14TH INTERNATIONAL CONGRESS ON THE DETERIORATION AND CONSERVATION OF

STONE – VOLUME I AND VOLUME II. MITTELDEUTSCHER VERLAG, 2020.

[83] Menningen, Johanna, Sassoni Enrico and Siegfried Siegesmund. Marble bowing: Prevention by the application of Hydroxyapatite - a systematic study [C]. Proceeding of Siegesmung, Siegfried and Bernhard Middendorf (Eds.): Monument Future - Decay and Conservation of Stone Proceedings of the 14th International Congress on the Deterioration and Conservation of Stone. Halle (Saale): Mitteldeutscher Verlag GmbH, 2020.

[84] Marta Cicardi, et al. Endolithic microorganisms in carbonartiic rocks and conservation problems [C]. Proceeding of Siegesmund, Siegfried and Bernhard Middendorf (Eds.): Monument Future - Decay and Conservation of Stone Proceedings of the 14th International Congress on the Deterioration and Conservation of Stone. Halle (Saale): Mitteldeutscher Verlag GmbH, 2020.

[85] Katherina Fuchs, & Farkas Pinter, performance of lime based sacrificial layers for the conservation of porous limestone in an urban environment: a case study [C]. In: Siegesmund, Siegfried and Bernhard Middendorf (Eds.): Monument Future - Decay and Conservation of Stone Proceedings of the 14th International Congress on the Deterioration and Conservation of Stone. Halle (Saale): Mitteldeutscher Verlag GmbH, 2020.

[86] Marija Milchin et al. An evaluation of shelter coats for the protection of outdoor stones [C]. Proceeding of Siegesmund, Siegfried and Bernhard Middendorf (Eds.): Monument Future - Decay and Conservation of Stone Proceedings of the 14th International Congress on the Deterioration and Conservation of Stone. Halle (Saale): Mitteldeutscher Verlag GmbH, 2020.

[87] Otero, J., Charola, A., Grissom, E., et al. An overview of nanolime as a consolidation method for calcareous substrates. Ge-conservación, 2017, 1 (11), 71-78.

[88] Otero, J., Charola, A. Reflections on nanolime consolidation [C]. Proceeding of Siegesmung, Siegfried and Bernhard Middendorf (Eds.): Monument Future - Decay and Conservation of Stone Proceedings of the 14th International Congress on the Deterioration and Conservation of Stone. Halle (Saale): Mitteldeutscher Verlag GmbH, 2020.

[89] Otero, Jorge; Pozo-Antonio, J. S. and C. Montojo. Influence of application method and number of applications of nanolime on the effectiveness of the Doulting limestone treatments[J]. Materials and Structures, 2021, 54:41.

[90] P. Brimblecombe. Future climate and stone decay [C]. Proceeding of Siegesmund, Siegfried and Bernhard Middendorf (Eds.): Monument Future - Decay and Conservation of Stone Proceedings of the 14th International Congress on the Deterioration and Conservation of Stone. Halle (Saale): Mitteldeutscher Verlag GmbH,

2020.

[91] Reul, Holst. Handbuch Bautenschutz und Bausanierung[M] (建筑保护与建筑修缮手册),
5.Auflage, Rudolf Mueller, 2007.

[92] Sassoni, Enrico; Fanzoni, et al. 10 years of marble conservation by ammonium
phosphate: laboratory and field data on protection, consolidation and mitigation of
bowing [C]. Proceeding of Siegesmung, Siegfried and Bernhard Middendorf (Eds.):
Monument Future - Decay and Conservation of Stone Proceedings of the 14th
International Congress on the Deterioration and Conservation of Stone. Halle (Saale):
Mitteldeutscher Verlag GmbH, 2020.

[93] Schwantes, G. and S.B. Dai. Research on Water-Free Injection Grouts Using Sieved Soil
and Micro-Lime [J]. Internationl Journal of Architectural Heritage, 2017, 11:7, 933-
945.

[94] Sena da Fonseca, B., Ferreira Pinto, A. P., Piçarra, S. Rodrigues, A., et al. Comparative
behaviour of commercial and laboratory-developed alkoxysilane- based products
as consolidants for carbonate stones [C]//Proceeding of Siegesmung, Siegfried
and Bernhard Middendorf (Eds.): Monument Future - Decay and Conservation of
Stone Proceedings of the 14th International Congress on the Deterioration and
Conservation of Stone. Halle (Saale): Mitteldeutscher Verlag GmbH, 2020.

[95] Skasa-Lindermeier, B & Wendler E. IFS Bericht 58/2019, Anwendung von
photokatalytischwrksamenem Titandioxid als Prophylaxe gegen mikrobiellen Befall
von Naturstein und Putz [S]. Auf dem Weg zu einem Konservierungskonzept fuer die
Mikwe in WormsISSN 0945-4748, Mainz, Germany, 2019.

[96] Slizkova Z, Frankeova D. Consolidation of porous limestone with nanolime laboratory
study[C]. Proceeding of 12th International congress deterioration and conservation
of stone. New York, 2012.

[97] Qin, T., Wang, Y., Li, J., et al. CONSERVATION AND MAINTENANCE CONCEPTS OF SOONG
CHING LING'S DOLOMITE MARBLE STATUE IN SHANGHAI AND SUPPORTING SURVEY
METHODS [C]. Int. Arch. Photogramm. Remote Sens. Spatial Inf. Sci., XLVI-M-1-2021,
579–584.

[98] "国际既有建筑维护与文物建筑保护科技工作者协会"WTA Merkblatt3-4-90/
D:Natursteinrestaurierungnach WTA X:Kenndatenermittlung und Qualitätssicherungbei
der Restaurierung von Natursteinbauwerken. 石质建筑修缮保护中的技术参数与质量保
证系统技术规范 [S], 慕尼黑，德国，1990

[99] Ziegenbalg, G. and M. Dobrzyñ ska-Musiela. Nanolime – Possible Applications for
the Conservation and Protection of the Cultural Heritage [C]//Proceeding of Euro-
American Congress REHABEND2016, Burgos, Spain, 2016.

[100] Ziegenbalg, G. and C. Dietze. Nanolime for conservation and restoration – A

comprehensive review [R]. IBZ- SalzchemieGmBH&Co. KG, Halsbrücke, DE, 2008.

[101] Ziegenbalg, G., Drdacky, M., Dietze, C. and D. Schuch (eds.). Nanomaterials in Architecture and Art Conservation [M]. Pan Stanford Publishing, 2018.

[102] Ziegenbalg, G.. Stone Conservation for Refurbishment of Buildings (STONECORE) – A Project Funded in the 7th Framework Programme of the European Union [M]. Cult. Herit. Preserv.. Fraunhofer IRB- Verlag, 2011, 240-245.

[103] Ziegenbalg, G. and E. Piasczcynski. The combined application of calcium hydroxide nano-sols and silicic acid ester – a promising way to consolidate stone and mortar [C]. Proceeding 12th Int. Congr. Dete-rioration Conserv. Stone, New York, 2012.

[104] Zajadacz, K., and S. Simon. Grouting of architectural surfaces: The challenge of testing [C]//In Theory and practice in conservation: International seminar, eds. J. Delgado Rodrigues, and J. Mimoso, 509–17. Lisbon, Portugal: National Laboratory of Civil Engineering, 2006.

[105] Ziegenbalg, G., K. Bruemmer, and J. Pianski. Nanolime – a new material for the consolidation and conservation of historic materials [C]//2nd Historic Mortars Conference HMC2010 and RILEM TC 203-RHM, Prague Czech Republic, 2010.

[106] Zhang Z-j, Liu J-b, Li B, Yang X-g. 2018 Thermally induced deterioration behaviour of two dolomitic marbles under heating–cooling cycles [J]. R. Soc. open sci., 2018, 5(10).

[107] Steiger M, Charola AE, Sterflinger K. Weathering and deterioration [M]. In Stone in architecture: properties, durability (eds S Siegesmund, R Snethlage), 2011, 227–316. Berlin, Germany: Springer.

后记
Postscript

自 2018 年 5 月应宋庆龄陵园管理处邀请第一次在现场考察宋庆龄汉白玉雕像开始，历经 2019 年 2 月至 5 月的现状实录、数字化建模、热红外成像、裂隙观测、粉化度测试和超声波无损检测，并同时在实验室开始进行各项基础研究和实验，以及在现场其他非文物汉白玉雕像上进行验证试验，于同年 6 月向陵园管理处及相关专家汇报现状勘察结果及基于"牺牲性保护"理念的维护保养方法设计方案。在 2020 年由第三方专业公司根据设计方案实施了一次抢救性修复保护措施之后，又于 2021 年 3 月至 4 月对抢救性修复保护措施进行检测评估，并随即进行改进性的维护保养，同时对雕像环境温湿度、雕像本体外观、病害及修复部位进行持续监测。

上述 3 年多的工作完成了一次由评估（Assessment）、干预（Intervention）和监测（Monitoring）构成的循环，即"AIM 循环"（第 1 章 1.3 节）。文物保护是一项需要长期持续的工作，将伴随文物的存续不断地维持和深入，并将随着文物状态、环境的变化和相关技术的发展动态调整方式方法。在 AIM 循环中，监测工作是最日常的，需要将其工作流程纳入文物管理工作中，由文物管理方或委托专业机构执行。而且监测应该在对保护难度较高的文物完成了一次重要的保护修复措施后立即展开。监测过程会产生大量的数据，需要建立起一套安全稳定的数据库系统加以存储和管理。有关

宋庆龄汉白玉雕像的 AIM 工作将会在不断地循环中稳步向前。

除了宋庆龄在各地的雕像以汉白玉作为材料外，由于历史文化的原因，还有很多重要性的纪念雕像和雕刻作品都会采用汉白玉、白色或浅色天然石材为材料，而且其中不少都是置于室外。

由于大块天然石材很难保持由单一矿物成分组成，其中不同矿物质物理特性差异就会使得物理损害会先于化学风化。而现代工业生产和城市交通造成的空气污染，除了产生成分复杂的灰尘，更有些酸性气体与降水混合成酸雨，直接侵蚀碳酸盐类的石材。另有细菌、藻类、苔藓甚至小草小树，在已经被物理或化学侵害造成的凹凸裂隙中附着生长，加剧破坏的程度和速度，以至于这些置于户外的石质雕像经历不长的时间就会产生各种病害，最终变得面目全非。

因此，由宋庆龄陵园内这尊宋庆龄汉白玉雕像开始的文物保护研究工作，不会仅仅停止于宋庆龄汉白玉雕像，未来将会有更广泛的对象去研究和保护。道阻且长！

本专著是基于宋庆龄陵园内宋庆龄汉白玉雕像保护的基础研究成果、维护保养工作的实录及总结，基于这些成果，本书提出了汉白玉类文物的抢救性保护工艺建议，希望对其他不同类型、不同气候环境下汉白玉的保护提供思路及基本的维护方案。这个方案将随着研究工作的进一步深

入及工程经验的积累而逐步完善。

研究工作是同济大学建筑与城市规划学院历史建筑保护实验中心团队联合陕西省文化遗产研究院、浙江德赛堡建筑材料科技有限公司等单位完成的。戴仕炳、汤众完成了本专著的构架及统编；第1，3，9，10章由汤众、戴仕炳完成；第4章由马宏林完成；格桑（Gesa Schwantes）完成第5章英文后，何政、戴仕炳完成了编译及补充；何政、周月娥、黎静怡参与了第6—8章的实验及文字撰写；格桑（Gesa Schwantes）完成了英文摘要；其余章节及最后统编由戴仕炳完成。

除作者外，李磊对修补材料的配方开发、现场实验和保养工作作出了重要贡献，王怡婕、居发玲、葛瑞文、张纪平、秦天悦、伍洋等参与了部分研发、现场实验及保养工作，上海谱盟光电科技有限公司于2019年协助测定了宋庆龄雕像头部热红外图像。在2019年第一阶段实验工作完成后，上海市文物局组织了由上海市文物局袁斌、原上海住总集团建设发展有限公司总工程师沈三新、上海装饰集团设计有限公司总工程师陈中伟、中国文化遗产保护研究院原副院长詹长法、上海大学文化遗产保护基础科学研究院院长黄继忠、南京博物院研究员（现扬州中国大运河博物馆副馆长）徐飞等组成的专家组对研究成果和建议进行了咨询，提出了宝贵意见。上海装饰集团设计有限公司的陈中伟、钟燕等根据专家意见完成了2020年年初的保养方案设计及实施。感谢同济大学建筑与城市规划学院2018级硕士研究生李楷然、杨尚璇、何渝丰、侯玉晔、王宇凡、覃雅园、王丽娟、李一鸣、孙然、赵振宇、陈博闻、贝琰、李依凡、周超、徐优等有关汉白玉雕像脚手架及预防性保护建筑的设计。

研究工作始终得到中国科学院院士、同济大学教授常青先生的关怀。德国 G. Ziegenbalg 教授帮助完成了真空固化开裂汉白玉的实验，并许可使用部分图片及2018年1月在联合国教科文组织亚太地区世界遗产培训与研究中心苏州分中心培训课件。

最重要的是，宋庆龄陵园管理处的领导徐士芳、王伟、苏卫平、钱宾等对研究及开展的保养维护的指导，使这一极具挑战性的工作及本书稿得以顺利完成。

特别感谢黄克忠先生审阅了书稿并作序，张之平先生审阅了书稿并对宋庆龄汉白玉雕像未来可能的保护性建筑提出了意见。二位文物保护资深专家的意见对未来深化可能的保护性建筑的设计包括微环境的模拟、保护的效果定量评估等具有重要指导意义。

感谢同济大学学术专著（自然科学类）出版基金以及国家自然科学基金面上项目"明砖石长城保护维修关键石灰技术研究"（批准号：51978472）等课题对本书完成并出版的资助，同济大学出版社对本书出版提供了从立项到出版的全方位支撑，在此深表感谢。

由于 Omicron 肆虐，受2022年3—6月上海静态管理等的影响，部分实验工作未能按照计划完成，请读者理解。

戴仕炳
2022年6月